身边常见花卉图鉴

赵春莉 主编

U0302156

陕西新华出版　陕西旅游出版社

图书在版编目（CIP）数据

身边常见花卉图鉴 / 赵春莉主编. — 西安 ：陕西旅游出版社，2019.4（2023.11重印）

ISBN 978-7-5418-3628-2

Ⅰ．①身… Ⅱ．①赵… Ⅲ．①花卉—图集 Ⅳ．①S68-64

中国版本图书馆 CIP 数据核字（2018）第 083190 号

身边常见花卉图鉴　　　　　　　　　　　　　赵春莉　　主编

责任编辑：张颖　　贺姗

出版发行：陕西旅游出版社

　　　　　（西安市曲江新区登高路 1388 号　邮编：710061）

电　　话：029-85252285

经　　销：全国新华书店

印　　刷：永清县晔盛亚胶印有限公司

开　　本：685mm×920mm　　　　1/16

印　　张：17

字　　数：200 千字

版　　次：2019 年 4 月　　第 1 版

印　　次：2023 年 11 月　　第 3 次印刷

书　　号：ISBN 978-7-5418-3628-2

定　　价：98.00 元

Chapter 1 草本花卉

CONTENTS

Chapter 2 木本花卉

CONTENTS

1 中文名：
全国通用的中文名称。

2 科名、属名：
科与属分别是生物分类法中的一级。

3 花期：
植物开花的时间，以便读者野外观花或杂交育种。

4 学名：
植物的学名即拉丁名，都使用拉丁文的词或拉丁化的词来命名。在国际上，任何一个拉丁名，只对应一种植物，这就保证了植物学名的唯一性。

5 叶子：
植物的营养器官，由叶片、叶柄和托叶构成。

6 花朵：
被子植物的繁殖器官，也是植物的主要观赏部位。

7 果实：
由受精的子房发育而来，由果皮和种子构成。

金丝桃

● 别名 / 狗胡花、金线蝴蝶、金丝海棠、金丝莲
● 科名 / 藤黄科　● 属名 / 金丝桃属

● **花期** 1 2 3 4 5 6 7 8 9 10 11 12 <月份>

Hypericum monogynum

分布 原产我国黄河流域以南。生长于山坡、路旁或灌丛中。

繁殖方式 分株、播种、扦插繁殖。

▶ **形态特征**
灌木，丛状或通常有疏生的开张枝条。

叶子 叶对生，叶片倒披针形或椭圆形至长圆形，坚纸质。

花朵 花序自茎端第1节生出，呈疏松的近伞房状。花瓣金黄色至柠檬黄色，三角状倒卵形。

果实 蒴果宽卵珠形或稀卵珠状圆锥形至近球形；种子深红褐色，圆柱形。

244

应用
金丝桃花叶秀丽，花冠如桃花，雄蕊金黄色，细长如金丝，绚丽可爱。华北多盆栽观赏，也可作切花材料，是南方庭院的常用观赏花木。果实及根可供药用。

8 别名：

我国各地常用的
民间俗称。

昙花

●别名 / 月下美人
●科名 / 仙人掌科   ●属名 / 昙花属

● 花期   1 2 3 4 5 6 7 8 9 10 11 12 〈月份〉

 分布 世界各地区广泛栽培；我国各省区常见栽培。

繁殖方式 扦插、播种繁殖。

▶ **形态特征**

附生肉质灌木，老茎圆柱状，木质化。

叶子 分枝多数，叶状侧扁，披针形至长圆状披针形，边缘波状或具深圆齿，深绿色，无毛，老株分枝产生气根。

花朵 花单生于枝侧的小窠，漏斗状，于夜间开放，芳香。

果实 浆果长球形，紫红色。

> **应用**
>
> 昙花为著名的观赏花卉，浆果可食。

245

9 分布：

植物在我国或国外野生的省份或地区。

10 繁殖方式：

提供该种植物最适合的繁殖方式，以便自行繁殖植物。

11 形态特征：

关于该种植物各部位构造的详细介绍。

12 应用：

详细介绍了植物的各种特征或典故以及在园艺或园林行业、日常生活中的应用。

❧ 点缀生活的花卉 ❧

花卉是美的象征，其青翠的叶片、姿态万千的花朵总是给人以清新、自然、愉悦之感。自古以来，花卉主要作为观赏植物而进入千家万户，与我们的生活联系得越发紧密，不仅装饰、改善、美化生活环境，丰富我们的生活，还常常用作礼物来互赠亲友，联络感情。另外，花卉还可食、可饮，很多还是常用的中药材呢。比如安神解郁的茉莉花茶、清热祛火的菊花茶、美味爽口的桂花糕，还有活血化瘀的番红花，这些都是我们生活中不可缺少的花草小妙方，能给我们的生活带来无穷的便利和乐趣。

花卉的定义

从广义上来说，花卉不仅指有观赏价值的草本植物，还包括草本或木本的地被植物、开花灌木、开花乔木以及盆景等。通俗地说，花卉是指其花具有一定观赏价值的观花植物。

花卉的分类

　　与其他作物相比，花卉的属、种众多，习性多样，生态条件复杂，为了便于栽培、管理和使用，长期以来，人们对花卉进行了各种不同的分类。

　　根据花卉的形态特征，通常分为草本花卉和木本花卉。木质部不发达，支持力较弱，具有草质茎的花卉，叫作草本花卉，也称为草花。草本花卉中，根据其生命周期不同，又可分为一年生、二年生和多年生几种，代表植物有一串红、薰衣草、美人蕉、凤仙花等。而木质部发达，具有木质茎的花卉，叫作木本花卉。木本花卉主要包括乔木、灌木、藤本三种类型，代表植物有玉兰、桂花、丁香、紫薇、紫藤等。花卉按其形态特征分类，直观明了，易于辨认，因此形态特征分类是最常用于开花植物的分类方法。

　　除此之外，还可按生态习性分类，通常将花卉分为一、二年生花卉，球根花卉，宿根花卉，多浆及仙人掌类，室内观叶植物，兰科花卉，水生花卉，木本花卉。若按栽培类型分类，则有露地花卉，室内观叶盆栽，温室盆花，切花栽培，切叶栽培，干花栽培等。

❧ 赏花指南 ❧

年年岁岁花相似，岁岁年年人不同。一年四季，寒来暑往，每到花开的季节，赏花的人总是纷至沓来，熙熙攘攘。花草们在春夏秋冬的四季更迭中花开花谢，永远那么静默，一点都没有改变的样子。

春季花卉

有梅花、水仙、迎春、桃花、玉兰、鸢尾、长寿花、琼花、贴梗海棠、木瓜海棠、垂丝海棠、牡丹、芍药、丁香、月季、玫瑰、紫荆、锦带花、连翘、云南黄馨、仙客来、风信子、郁金香、马蹄莲、长春菊、天竺葵、报春花、瓜叶菊、矮牵牛、虞美人、金鱼草、樱花等。

迎春先开花后长叶，花单生在去年生的枝条上，花色金黄，叶丛翠绿，在春天百花之中开花最早，因而得名迎春。

鸢尾主要开蓝紫色花，丛植效果最好，春天开花时犹如一只只蓝蝴蝶翩翩起舞，有"蓝色妖姬"的美誉。

夏秋季花卉

有藿香、酢浆草、铁兰、果子蔓、虎耳草、非洲紫罗兰、茉莉、米兰、九里香、桂花、广玉兰、扶桑、木芙蓉、木槿、紫薇、夹竹桃、大丽花、五色梅、美人蕉、向日葵、蜀葵、扶郎花、鸡蛋花、红花葱兰、翠菊、一串红、鸡冠花、凤仙花、半枝莲、雁来红、雏菊、万寿菊、菊花、荷花、睡莲等。

美人蕉种类丰富，夏秋开花，花大色艳，枝叶翠绿，不仅能美化环境，还能净化空气。

桂花清可绝尘，浓能远溢，于仲秋时节开放，是深受百姓喜爱的中国传统名花。

冬季花卉

有蜡梅、山茶、一品红、银柳、红掌、美丽异木棉等。

腊梅花入冬开放，冬尽而结实，因伴着冬天，故又名冬梅，是冬季赏花的理想名贵花木。

草本花卉

Herbaceous flowers

Chapter

1

蓝花鼠尾草

● 别名 / 粉萼鼠尾草
● 科名 / 唇形科　● 属名 / 鼠尾草属

● **花期** `1` `2` `3` `4` `5` `6` `7` `8` `9` `10` `11` `12` ＜月份＞

Salvia farinacea

分布 原产地中海及南欧。

繁殖方式 播种繁殖。

▶ 形态特征

一、二年生或多年生草本植物，株高30～60厘米。

叶子 叶对生，呈长椭圆形，先端圆，全缘（或有钝锯齿）。

花朵 花轮生于茎顶或叶腋，花呈紫、青色，有时呈白色，具有浓郁的芳香。

果实 种子近椭圆形。

应用

蓝花鼠尾草适用于花坛、花境和园林景点的布置。也可点缀岩石旁、林缘空隙地，使整体环境显得幽静。摆放于建筑物前和小庭院，更觉典雅清幽。

002

一串红

● 别名 / 墙下红、爆仗红
● 科名 / 唇形科 ● 属名 / 鼠尾草属

● 花期 1 2 3 4 5 6 7 8 9 10 11 12 <月份>

Salvia splendens

 原产巴西，我国各地庭园中广泛栽培。

 播种或扦插繁殖，以播种繁殖居多。

▶ 形态特征

亚灌木状草本，高可达90厘米。茎钝四棱形，具浅槽。

🍃 叶子 叶卵圆形或三角状卵圆形，先端渐尖，边缘具锯齿，两面无毛。

❀ 花朵 轮伞花序组成顶生总状花序，苞片卵圆形。花萼钟形，红色，花冠红色，外被微柔毛，内面无毛，冠筒筒状，直伸，在喉部略增大，退化雄蕊短小。

🍒 果实 小坚果呈椭圆形，暗褐色。

罗勒

- 别名 / 九层塔、金不换、圣约瑟夫草、甜罗勒、兰香
- 科名 / 唇形科 ● 属名 / 罗勒属

● 花期 1 2 3 4 5 6 7 8 9 10 11 12 <月份>

Ocimum basilicum

 分布于亚洲热带及温带地区。

 播种繁殖。

▶ 形态特征

具有强烈、刺激的气味，味似茴香，大多数普通种类全株被稀疏柔毛，平滑或基本上平滑的直立一年生草本植物。

🌿 叶子 全株小巧，叶色翠绿，叶卵圆形至卵圆状长圆形，边缘具不规则牙齿或近于全缘，两面近无毛。

❀ 花朵 花色鲜艳，芳香四溢。

应用

罗勒嫩叶可食，亦可泡茶饮，有驱风、芳香、健胃及发汗作用。

薰衣草

- 别名 / 爱情草
- 科名 / 唇形科　● 属名 / 薰衣草属

● 花期　| 1 | 2 | 3 | 4 | 5 | 6 | 7 | 8 | 9 | 10 | 11 | 12 |　<月份>

Lavandula angustifolia

分布　原产地中海地区，我国有栽培。

繁殖方式　播种、扦插繁殖为主。

▶ 形态特征

小灌木，被星状绒毛。茎皮条状剥落。

叶子 叶线形或披针状线形，叶密被灰白色星状绒毛，先端钝。

花朵 轮伞花序具6~10花，多数，组成穗状花序；苞片干时常带锈色，被星状绒毛，花冠蓝色。全株略带甜味的清淡香气，花、叶和茎上的绒毛均藏有油腺，轻轻触碰油腺即破裂而释出香味。

应用

薰衣草是重要的芳香植物，叶子可作调味料；花可提取薰衣草精油；薰衣草的花穗可以做干燥花和饰品。在园林中常大规模种植成花田。

005

美人蕉

● 别名 / 兰蕉
● 科名 / 美人蕉科
● 属名 / 美人蕉属

● 花期 　1 2 3 4 5 6 7 8 9 10 11 12 ＜月份＞

Canna indica

 分布　原产印度。我国南北各地常有栽培。

 繁殖方式　播种和块茎繁殖。

▶ 形态特征

植株全部绿色。

🌿 叶子　叶片卵状长圆形。

🌸 花朵　花呈红色，单生或两朵聚生；苞片卵形，绿色，萼片3枚，披针形；花冠管长不及1厘米，花冠裂片披针形，唇瓣披针形，弯曲。

🍒 果实　蒴果为绿色，长卵形，有软刺。

应用

美人蕉现在培育出许多优良品种，观赏价值很高，可盆栽，也可地栽，多用于花坛装饰、水边点缀。

006

多叶羽扇豆

- 别名 / 鲁冰花
- 科名 / 豆科　● 属名 / 羽扇豆属

● **花期** | 1 | 2 | 3 | 4 | 5 | 6 | 7 | 8 | 9 | 10 | 11 | 12 |　<月份>

Lupinus polyphyllus

 分布 原产美国西部。生长于河岸、草地和潮湿林地。

 繁殖方式 播种或扦插繁殖。

▶ 形态特征

多年生直立草本植物。

✔ 叶子 掌状复叶，小叶椭圆状倒披针形，先端钝圆至锐尖，上面通常无毛，下面多少被贴伏毛。

✿ 花朵 总状花序，花多而稠密，花冠蓝色至堇青色，无毛。

🍒 果实 荚果长圆形，密被绢毛。

应用

多叶羽扇豆叶形优美，花序醒目，小花密集，园艺品种较多，花色丰富；宜布置花境中景或背景，或丛植于通风良好的疏林下或林缘边，亦可作盆栽或切花。

凤仙花

- 别名 / 急性子、指甲花
- 科名 / 凤仙花科　●属名 / 凤仙花属

● **花期** 　1　2　3　4　5　6　7　8　9　10　11　12　<月份>

Impatiens balsamina

 分布 我国各地广泛栽培，园艺种较多。

繁殖方式 播种繁殖。

▶ 形态特征

一年生草本植物。

叶子 叶互生，叶片披针形、狭椭圆形或倒披针形，先端尖或渐尖，基部楔形，边缘有锐锯齿。

花朵 花单生或2～3朵簇生于叶腋，花色多样，有白色、粉红色和紫色等，单瓣或重瓣。

果实 蒴果为宽纺锤形，种子多数，圆球形，直径1.5～3毫米，黑褐色。

应用

凤仙花花色、品种丰富，是美化花坛、花境的常用材料，可丛植、群植和盆栽，也可作切花水养。民间常用其花及叶染指甲。茎及种子可入药。

新几内亚凤仙

● 别名 / 五彩凤仙花
● 科名 / 凤仙花科 ● 属名 / 凤仙花属

● 花期 1 2 3 4 5 6 7 8 9 10 11 12 <月份>

Impatiens hawkeri

分布 原产新几内亚，现种植的均为园艺种。

繁殖方式 播种或扦插繁殖。

▶ 形态特征

多年生常绿草本植物。茎肉质，分枝多。

☑ 叶子 叶互生，有时上部轮生，叶片卵状披针形，叶脉红色。

✿ 花朵 花单生或数朵聚成伞房花序，花瓣呈桃红色、粉红色、橙红色、紫红色、白色等。

应用

新几内亚凤仙花色丰富、娇美，常作室内盆栽、花坛花卉和花境花卉。

009

非洲凤仙花

●别名 / 苏丹凤仙花、玻璃翠
●科名 / 凤仙花科 ●属名 / 凤仙花属

● **花期** | 1 | 2 | 3 | 4 | 5 | 6 | 7 | 8 | 9 | 10 | 11 | 12 | <月份>

Impatiens walleriana

 分布 原产东非，世界各地广泛引种栽培。

 繁殖方式 播种或扦插繁殖。

▶ **形态特征**

多年生草本花卉。全株肉质，无毛。茎粗，光滑，多分枝，青绿色，茎节突出，易折断。

🌿 **叶子** 单叶互生，茎上部叶或呈轮生状，卵状披针形，先端尖，叶缘具钝锯齿。

🌸 **花朵** 花单生或数朵簇生于叶腋，花瓣基部衍生成矩，花色极为丰富，有洋红色、雪青色、白色、紫色、橙色、复色等。

应用

非洲凤仙花繁花满株，色彩绚丽，全年开花不断，常作盆栽，适用于点缀阳台、窗台和庭园；也可用于制作花墙、花柱和花伞。

旱金莲

● 别名 / 荷叶七、旱莲花
● 科名 / 旱金莲科　● 属名 / 旱金莲属

● 花期　1 2 3 4 5 6 7 8 9 10 11 12　<月份>

Tropaeolum majus

分布 原产南美秘鲁、巴西等地，现世界各地广为栽培。

繁殖方式 播种或扦插繁殖。

▶ 形态特征

一年生肉质草本植物，蔓生，无毛或被疏毛。

 叶子 叶互生，叶柄向上扭曲，盾状，着生于叶片的近中心处；叶片圆形，由叶柄着生处向四面放射。

花朵 单花腋生，花黄色、紫色、橘红色或杂色。

果实 果扁球形，成熟时分裂成3个具一粒种子的瘦果。

011

小天蓝绣球

● 别名 / 福禄考
● 科名 / 花葱科　● 属名 / 天蓝绣球属

Phlox drummondii

 分布　原产墨西哥，我国各地庭园有栽培。

 繁殖方式　分株、压条和扦插繁殖。

▶ 形态特征

一年生直立草本植物。

叶子　下部叶对生，上部叶互生，宽卵形、长圆形和披针形，顶端锐尖，全缘，叶面有柔毛，无叶柄。

花朵　圆锥状聚伞花序顶生，花冠高脚碟状，有淡红、深红、紫、白等色，裂片圆形，比花冠管稍短。

果实　蒴果椭圆形，下有宿存花萼。种子长圆形，褐色。

应用

小天蓝绣球色彩艳丽丰富，花朵茂密锦簇，株姿雅致，地栽盆植，均耐观赏。

三色堇

● 别名 / 蝴蝶花、鬼脸花
● 科名 / 堇菜科　● 属名 / 堇菜属

● 花期　1 2 3 **4 5 6 7** 8 9 10 11 12 ‹月份›

Viola tricolor

 分布　原产欧洲，现世界各地广为栽培。

 繁殖方式　播种繁殖。

▶ 形态特征

一、二年生草本，株高10～40厘米。

叶子　基生叶有长柄，叶片长卵形或披针形；茎生叶卵状长圆形或宽披针形，边缘有圆钝锯齿。

花朵　单花生于花梗顶端，花大，花瓣近圆形，花色有紫、蓝、黄、白、古铜等色。

013

角堇

- 别名 / 小三色堇
- 科名 / 堇菜科　●属名 / 堇菜属

● 花期　1 2 3 4 5 6 7 8 9 10 11 12　<月份>

Viola cornuta

 分布　原产于北欧，现我国南北方均有栽培。

繁殖
方式　播种繁殖。

▶ 形态特征

多年丛生型草本植物，无地上茎，有匍匐茎。

 叶子　叶互生，披针形或卵形，有锯齿或分裂；托叶小，呈叶状，离生。有叶柄。

❀ 花朵　花色有深紫色、浅紫色、粉红色或白色，具芳香。

应用

角堇植株矮小、花色丰富，常用于花坛或作盆花。

014

风铃草

- 别名 / 风铃花、彩钟花
- 科名 / 桔梗科　●属名 / 风铃草属

● **花期** 1 2 3 4 5 6 7 8 9 10 11 12 <月份>

Campanula medium

分布 原产南欧，现我国各地均有栽培。

繁殖方式 播种繁殖。

▶ 形态特征

二年生草本植物，株高约1米。

 叶子 叶卵形至倒卵形，叶缘圆齿状波形，粗糙。茎生叶小而无柄。

花朵 总状花序，花冠钟状，5浅裂，基部略膨大，花色有白、蓝、紫及淡桃红等。

应用

风铃草主要用作盆花，适于配置小庭园作花坛、花境材料，也可露地种植于花境。

秋英

- 别名 / 波斯菊
- 科名 / 菊科   属名 / 秋英属

● 花期   1 2 3 4 5 6 7 8 9 10 11 12 <月份>

Cosmos bipinnatus

 分布 原产美洲墨西哥，在我国部分地区已逸生。

 繁殖方式 播种繁殖。

▶ 形态特征

一年生或多年生草本植物。

叶子 叶二回羽状深裂。

花朵 头状花序单生，总苞片外层披针形或线状披针形，近革质，淡绿色，具深紫色条纹。舌状花呈紫红、粉红或白色，舌片椭圆状倒卵形，管状花黄色，管部短，上部圆柱形，有披针状裂片。

果实 瘦果黑紫色。

应用

秋英株形高大，叶形雅致，花色丰富，有粉、白、深红等色，适于布置花境，在草地边缘、树丛周围及路旁成片栽植，可美化环境，颇有野趣。重瓣品种可作切花材料。全草可入药。

雏菊

● 别名 / 延命菊、马头兰花
● 科名 / 菊科 ● 属名 / 雏菊属

● 花期 1 2 **3** **4** **5** **6** 7 8 9 10 11 12 <月份>

Bellis perennis

 分布 原产欧洲，现我国南北方均有栽培。

 繁殖方式 一般采用分株、扦插繁殖。

▶ 形态特征

一年生或多年生葶状草本植物。

叶子 叶基生，匙形，顶端圆钝。

花朵 头状花序单生，总苞半球形或宽钟形；舌状花多层，管状花多数，两性，均能结实。

果实 瘦果倒卵形，扁平。

应用

雏菊可用于盆栽、花境、切花。现在我国各地庭园栽培为花坛观赏植物。

017

矢车菊

- 别名 / 蓝芙蓉、车轮花
- 科名 / 菊科 ● 属名 / 矢车菊属

● 花期 1 2 3 4 5 6 7 8 9 10 11 12 <月份>

Centaurea cyanus

 分布 原产欧洲。现我国南北方均有栽培，有部分地区逸生。

繁殖方式 播种繁殖。

▶ 形态特征

一年或二年生草本，多分枝。

叶子 中部茎叶线形、宽线形或线状披针形，全部茎叶两面异色或近异色。

花朵 头状花序顶生，边缘舌状花为漏斗状，花瓣边缘带齿状，中央花管状，花有白、红、蓝、紫等色。

应用

矢车菊可用于花坛、草地镶边或盆花观赏，大片自然丛植。高型品种可以和其他草花相衬布置花坛及花境，还可作切花花卉。

百日菊

- 别名 / 百日草、步步登高
- 科名 / 菊科　• 属名 / 百日菊属

● **花期** 1 2 3 4 5 6 7 8 9 10 11 12 ＜月份＞

Zinnia elegans

分布 原产墨西哥，现全国各地均有栽培。

繁殖方式 播种、扦插繁殖。

▶ **形态特征**

一年生草本植物。

叶子 叶宽卵圆形或长圆状椭圆形，两面粗糙，下面被密的短糙毛，基出三脉。

花朵 头状花序单生枝端，总苞宽钟状；舌状花深红色、玫瑰色、紫堇色或白色，管状花黄色或橙色。

果实 瘦果倒卵圆形，扁平。

应用

百日菊花大色艳，花期长，株形美观，可按高矮分别用于花坛、花境、花带，也常用于盆栽。

金盏花

- 别名 / 金盏菊、黄金盏
- 科名 / 菊科　■ 属名 / 金盏花属

● **花期**　1 2 3 4 5 6 7 8 9 10 11 12 ‹月份›

Calendula officinalis

分布　原产欧洲，我国南北方均有栽培。

繁殖方式　播种繁殖。

▶ **形态特征**

一年生草本植物，全株被毛。

叶子　基生叶长圆状倒卵形或匙形，全缘或具疏细齿，茎生叶长圆状披针形或长圆状倒卵形，无柄。

花朵　头状花序单生茎枝端，花黄色或橙黄色，具香气。

果实　瘦果弯曲。

应用

金盏花美丽鲜艳，是庭院、公园装饰花圃与花坛的理想花卉。

万寿菊

● 别名 / 臭芙蓉、臭菊花
● 科名 / 菊科　● 属名 / 万寿菊属

● **花期** 1 2 3 4 5 6 7 8 9 10 11 12 <月份>

Tagetes erecta

 分布 原产墨西哥，现我国各地广为栽培。

 繁殖方式 播种、扦插繁殖。

▶ **形态特征**

一年生草本植物。

叶子 叶羽状分裂，裂片长椭圆形或披针形，边缘具锐锯齿。

花朵 头状花序单生，花序梗顶端棍棒状膨大，舌状花黄色或暗橙色，管状花花冠黄色，顶端具5齿裂。

果实 瘦果线形，黑色或褐色。

应用

万寿菊是常见的园林绿化花卉，常用来点缀花坛、广场以及布置花丛、花境和培植花篱。

向日葵

- 别名 / 丈菊、葵花
- 科名 / 菊科　●属名 / 向日葵属

● **花期** `1` `2` `3` `4` `5` `6` `7` `8` `9` `10` `11` `12`　<月份>

Helianthus annuus

 分布 原产北美洲，现世界各地均有栽培。

繁殖方式 播种繁殖。

▶ 形态特征

一年生草本植物。

叶子 叶互生，心状卵圆形或卵圆形，顶端急尖或渐尖，边缘有粗锯齿，两面被短糙毛。

花朵 头状花序极大，单生于茎端或枝端，常下倾。舌状花金黄色，管状花棕色或紫色。

果实 瘦果倒卵形或卵状长圆形，常被白色短柔毛。

应用

向日葵花大而美丽，常片植成花田，也常作切花。向日葵的种子含油量极高，味香可口，可炒食，亦可榨油，为重要的油料作物。

022

翠菊

- 别名 / 江西腊
- 科名 / 菊科 · 属名 / 翠菊属

● 花期　1　2　3　4　5　6　7　8　9　10　11　12　<月份>

Callistephus chinensis

 分布　产于我国吉林、辽宁、山西、山东、云南及四川等，生长于海拔30～2700米的山坡荒地、山坡草丛、水边。

繁殖方式　播种繁殖。

▶ 形态特征

一年生或二年生直立草本植物。

 叶子　叶长椭圆形或倒披针形，边缘有1～2个锯齿，或线形而全缘。

花朵　头状花序单生于茎枝顶端，有长花序梗，两性花花冠黄色。

果实　瘦果长椭圆状倒披针形，稍扁。

应用

翠菊是国内外园艺界非常重视的观赏植物。可用于盆栽、花坛、切花。

天人菊

- 别名 / 虎皮菊、老虎皮菊
- 科名 / 菊科 • 属名 / 天人菊属

花期 1 2 3 4 5 6 7 8 9 10 11 12 <月份>

Gaillardia pulchella

 分布 原产美洲热带地区。

繁殖方式 播种繁殖。

▶ 形态特征

一年生草本植物，高20~60厘米。

叶子 下部叶匙形或倒披针形，边缘波状钝齿、浅裂至琴状分裂，先端急尖，近无柄，上部叶长椭圆形、倒披针形或匙形，叶两面被伏毛。

花朵 舌状花黄色，基部带紫色，舌片宽楔形，顶端2~3裂；管状花裂片三角形，被节毛。

果实 瘦果长2毫米，基部被长柔毛。

应用

天人菊色彩艳丽，花期长，栽培管理简单，常作庭园栽培，供人们观赏。

美丽月见草

• 别名 / 待霄草、粉晚樱草、粉花月见草
• 科名 / 柳叶菜科   • 属名 / 月见草属

● 花期   1 2 3 4 5 6 7 8 9 10 11 12   <月份>

Oenothera speciosa

 分布 原产北美洲，我国南方引种栽培。

繁殖方式 播种繁殖。

▶ 形态特征

多年生草本植物，多作一二年生栽培，株高50～80厘米。植株直立，枝条较软，分枝力差。

 叶子 基生叶紧贴地面，倒披针形；茎生叶灰绿色，披针形（轮廓）或长圆状卵形。

花朵 花瓣粉红色，宽倒卵形；花丝白色；花药黄色，长圆状线形。

应用

美丽月见草花香美丽，常用作林下地被或点缀草坪。根可入药，有消炎、降血压功效。

美女樱

- 别名 / 草五色梅、铺地马鞭草、铺地锦
- 科名 / 马鞭草科 • 属名 / 马鞭草属

● **花期** 1 2 3 4 5 6 7 8 9 10 11 12 <月份>

Verbena hybrida

🔵 **分布** 原产于南美地区，为杂交种，我国广泛种植。

🔵 **繁殖方式** 播种和扦插繁殖。

▶ 形态特征

多年生草本植物，常作1~2年生栽培。丛生而铺覆地面，全株具灰色柔毛。

🍃 **叶子** 叶对生，有短柄，长圆形、卵圆形或披针状三角形，边缘具缺刻状粗齿或整齐的圆钝锯齿。

🌸 **花朵** 穗状花序顶生，多数小花密集排列呈伞房状。花色多，有白、粉红、深红、紫、蓝等不同颜色，也有复色品种，略具芬芳。

应用

美女樱株丛矮密，花繁色艳，为良好的地被材料，可用于城市道路绿化带、坡地、花坛等。

026

柳叶马鞭草

● 别名 / 南美马鞭草
● 科名 / 马鞭草科　● 属名 / 马鞭草属

● 花期　1 2 3 4 5 6 7 8 9 10 11 12 ＜月份＞

Verbena bonariensis

分布 原产南美洲，我国各地均有栽培。

繁殖方式 播种、扦插及切根分株。

▶ **形态特征**

多年生草本植物。株高100～150厘米。

叶子 叶为柳叶形，十字对生，初期叶为椭圆形，边缘略有缺刻，花茎抽高后的叶转为细长型如柳叶状，边缘仍有尖缺刻，茎为正方形，全株有纤毛。

花朵 聚伞花序，小筒状花着生于花茎顶部，紫红色或淡紫色。

应用

柳叶马鞭草植株高大，片植效果极其壮观，常常被用于疏林下、植物园和别墅区的景观布置。开花季节犹如一片粉紫色的云霞，令人震撼。

大花马齿苋

- 别名 / 半支莲、太阳花、死不了
- 科名 / 马齿苋科　●属名 / 马齿苋属

● **花期** 1 2 3 4 5 6 7 8 9 10 11 12 <月份>

Portulaca grandiflora

 分布 原产巴西。我国公园、花圃常有栽培。

 繁殖方式 扦插或播种繁殖。

▶ **形态特征**

一年生草本植物。

叶子 叶密集枝端，较下的叶分开，不规则互生，叶片细圆柱形，叶腋常生一撮白色长柔毛。

花朵 花单生或数朵簇生枝端，日开夜闭；总苞叶状轮生，具白色长柔毛；花瓣5或重瓣，倒卵形，有红色、紫色或黄白色。

果实 种子细小，多数，圆肾形。

应用

大花马齿苋品种较多，花色丰富，常用作花卉和盆栽。全草可供药用。

028

碧冬茄

- 别名 / 矮牵牛
- 科名 / 茄科　　● 属名 / 碧冬茄属

● 花期　1 2 3 4 5 6 7 8 9 10 11 12　<月份>

Petunia hybrida

 杂交种，在世界各国花园中普遍栽培。我国南北城市公园中普遍栽培观赏。

繁殖方式 播种繁殖。

▶ **形态特征**

一年生草本植物，全体生腺毛。

叶子 叶有短柄或近无柄，卵形，顶端急尖，全缘。

花朵 花单生于叶腋，花萼5深裂，裂片条形，顶端钝，果时宿存；花冠白色或紫堇色，有各式条纹，漏斗状，檐部开展，有折襞，5浅裂；雄蕊4长1短。

果实 蒴果圆锥状，种子极小，近球形，褐色。

应用

碧冬茄花大而多，开花繁盛，花期长，色彩丰富，是优良的花坛和种植钵花卉，也可自然式丛植，还可作为切花。气候适宜或温室栽培可四季开花。

花烟草

● 别名／美花烟草、长花烟草、大花烟草
● 科名／茄科　● 属名／烟草属

● 花期　| 1 | 2 | 3 | 4 | 5 | 6 | 7 | 8 | 9 | 10 | 11 | 12 |　<月份>

Nicotiana alata

 分布 原产阿根廷和巴西。我国哈尔滨、北京、南京等市有引种栽培。

 繁殖方式 播种繁殖。

▶ 形态特征

多年生草本植物，全体被黏毛。

 叶子 叶在茎下部，铲形或矩圆形，向上成卵形或卵状矩圆形，接近花序即成披针形。

花朵 花序为假总状式，疏散生几朵花；花萼杯状或钟状；花冠淡绿色、粉红色，裂片卵形，短尖。

果实 蒴果卵球状；种子灰褐色。

应用

花烟草植株紧凑，连续开花，花量大，适合栽植于花坛、草坪、庭院、路边及林带边缘，也可作盆栽。

醉蝶花

● 别名 / 西洋白花菜、紫龙须
● 科名 / 白花菜科　● 属名 / 白花菜属

● **花期**　1　2　3　4　5　6　7　8　9　10　11　12　〈月份〉

Cleome spinosa

分布　原产热带美洲，现在全球热带至温带栽培以供观赏。

繁殖方式　播种、扦插繁殖。

▶ 形态特征

一年生强壮草本植物，全株被黏质腺毛，有特殊臭味。

 叶子　叶为具5～7小叶的掌状复叶，小叶椭圆状披针形或倒披针形。

 花朵　总状花序密被黏质腺毛；花瓣倒卵状匙形，雄蕊特长。醉蝶花在傍晚开放，第二天白天就凋谢，因此又叫"夏夜之花"。

果实　果圆柱形，种子不具假种皮。

应用

醉蝶花花瓣轻盈飘逸，盛开时似蝴蝶飞舞，可在夏秋季节布置花坛、花境，也可种在林下或建筑物阴面观赏，也是非常优良的抗污花卉，还是极好的蜜源植物，能提取优质精油。

白花菜

- 别名 / 羊角菜、屡析草、臭花菜、猪屎草、五梅草、白花仔草
- 科名 / 白花菜科　●属名 / 白花菜属

● 花期　1 2 3 4 5 6 7 8 9 10 11 12　<月份>

Cleome gynandra

 全球热带与亚热带都有种植。

 播种繁殖。

▶ 形态特征

一年生直立分枝草本。无刺。

■ 叶子　叶为3～7小叶的掌状复叶，边缘有细锯齿或有腺纤毛；叶柄长2～7厘米；无托叶。

❀ 花朵　总状花序长15～30厘米；花瓣白色，少有淡黄色或淡紫色，有爪。

▨ 果实　果圆柱形；长3～8厘米。种子近扁球形，黑褐色。不具假种皮。

应用

白花菜可蔬食，亦可腌食。种子碾粉功似芥末，供药用。全草入药，味苦、辛，微毒。

诸葛菜

- 别名 / 二月蓝
- 科名 / 十字花科　属名 / 诸葛菜属

花期　1 2 3 **4 5** 6 7 8 9 10 11 12　<月份>

Orychophragmus violaceus

 产于辽宁、河北、山西、山东、河南、安徽、浙江、湖北、江西、陕西、甘肃及四川。

繁殖方式 播种繁殖。

▶ 形态特征

一年或二年生直立草本。

叶子 基生叶及下部茎生叶大头羽状全裂，有钝齿，上部叶长圆形或窄卵形，边缘有不整齐牙齿。

花朵 花为紫色、浅红色或褪成白色，花瓣宽倒卵形，密生细脉纹。

果实 长角果线形，种子黑棕色。

应用

诸葛菜可作草坪及地被植物，冬季绿叶葱翠，早春花开成片，花期长，为良好的园林阴处或林下地被植物，也可栽于花径，也可植于坡地、道路两侧等园林绿化区域。种子可榨油。

紫罗兰

- 别名 / 草桂花
- 科名 / 十字花科 ● 属名 / 紫罗兰属

● 花期 1 2 3 4 5 6 7 8 9 10 11 12 <月份>

Matthiola incana

 原产欧洲南部。我国大城市中常有引种，栽植于庭园花坛或温室中，供观赏。

 播种繁殖。

▶ 形态特征

二年生或多年生草本植物，全株密被灰白色具柄的柔毛。

🌿 **叶子** 叶片长圆形至倒披针形或匙形，全缘或呈微波状。

❀ **花朵** 总状花序顶生或腋生，花多数，较大；花瓣紫红、淡红或白色，近卵形，边缘波状。

❀ **果实** 长角果圆柱形，种子近圆形，深褐色，边缘具有白色膜质的翅。

应用

紫罗兰花朵茂盛，花色鲜艳，香气浓郁，花期长，花序也长，为众多爱花者所喜爱，适宜于盆栽观赏，布置花坛、台阶、花径，也可作为切花材料。

屈曲花

●别名 / 珍珠球
●科名 / 十字花科　●属名 / 屈曲花属

● **花期** | 1 | 2 | 3 | 4 | 5 | 6 | 7 | 8 | 9 | 10 | 11 | 12 | <月份>

Iberis amara

分布 原产西欧，我国各地均有栽培。

繁殖方式 用种球生产屈曲花鳞茎。

▶ 形态特征

一年生草木植物，茎直立，稍分枝，有棱，在棱上具向下生的柔毛。

叶子 茎下部叶匙形，上部叶披针形或长圆状楔形，顶端圆钝，基部渐狭。

花朵 总状花序顶生，花瓣白色或浅紫色，倒卵形。

果实 短角果圆形，裂瓣具横纹；种子宽卵形，红棕色，下部有翅。

高雪轮

- 别名 / 钟石竹
- 科名 / 石竹科 • 属名 / 蝇子草属

● 花期 1 2 3 4 5 6 7 8 9 10 11 12 <月份>

Silene armeria

 分布 原产欧洲南部。我国城市庭园常引种栽培，供观赏。

 繁殖方式 播种繁殖。

▶ **形态特征**

一年生草本植物，常带粉绿色。茎单生，直立，上部分枝具黏液。

叶子 基生叶叶片匙形，花期枯萎；茎生叶叶片卵状心形至披针形，顶端急尖或钝，两面均无毛。

花朵 复伞房花序较紧密，花萼筒状棒形，带紫色，无毛，纵脉紫色；花瓣淡红色，微凹缺或全缘。

果实 蒴果长圆形；种子圆肾形，红褐色。

应用

高雪轮适宜配置花径、花境，点缀岩石园或作地被植物，也可盆栽或作切花材料。

036

鸡冠花

- 别名 / 老来红、大鸡公花、红鸡冠
- 科名 / 苋科　●属名 / 青葙属

● 花期　| 1 | 2 | 3 | 4 | 5 | 6 | 7 | 8 | 9 | 10 | 11 | 12 | ＜月份＞

Celosia cristata

 分布　世界各地广为栽培，是普通庭园植物。

 繁殖方式　播种繁殖。

▶ 形态特征

一年生直立草本植物。

叶子　叶片卵形、卵状披针形或披针形。

花朵　花多数，极密生，呈扁平肉质鸡冠状、卷冠状或羽毛状的穗状花序，一个大花序下面有数个较小的分枝，圆锥状矩圆形，表面羽毛状；花被片红色、紫色、黄色、橙色或红色黄色相间。

应用

鸡冠花的品种多，花形奇特，常用于花境、花坛或作切花。花和种子还可供药用，有止血、凉血、止泻的功效。

千日红

●别名 / 火球花、百日红
●科名 / 苋科 ●属名 / 千日红属

Gomphrena globosa

 分布 原产美洲热带，我国南北各省均有栽培。

繁殖方式 扦插、播种繁殖。

▶ 形态特征

一年生直立草本植物。茎粗壮，有分枝。

叶子 叶片纸质，长椭圆形或矩圆状倒卵形，边缘波状，两面有白色长柔毛及缘毛。

花朵 花多数，密生，成顶生球形或矩圆形头状花序，花被片披针形，外面密生白色绵毛。

果实 胞果近球形，种子肾形，棕色，光亮。

应用

千日红花期长，花色鲜艳，为优良的园林观赏花卉，是花坛、花境的常用材料；且花后不落，色泽不褪，仍保持鲜艳，还可用于制作花圈、花篮等装饰材料。

毛地黄

● 别名 / 洋地黄、金钟、心脏草
● 科名 / 玄参科 ● 属名 / 毛地黄属

● 花期 1 2 3 4 5 6 7 8 9 10 11 12 〈月份〉

Digitalis purpurea

 分布 原产欧洲，我国广为引种栽培。

 繁殖方式 播种繁殖。

▶ 形态特征

一年生或多年生直立草本植物，除花冠外，全体被灰
白色短柔毛和腺毛。

叶子 基生叶呈莲座状，叶片卵形或长椭圆形，先
端尖或钝，边缘具短尖的圆齿。

花朵 顶生总状花序，萼钟状，花冠紫红色，内面
具斑点，裂片很短，先端被白色柔毛。

果实 蒴果卵形；种子短棒状。

茑萝松

●别名 / 羽叶茑萝、绵屏封
●科名 / 旋花科 ●属名 / 茑萝属

● **花期**　1　2　3　4　5　6　7　8　9　10　11　12　〈月份〉

Quamoclit pennata

 分布　原产热带美洲，我国各地均有栽培。

 繁殖方式　播种繁殖。

▶ 形态特征

一年生柔弱缠绕草本植物，无毛。

📑 **叶子**　叶卵形或长圆形，羽状深裂至中脉，裂片先端锐尖；基部常具假托叶。

❀ **花朵**　花序腋生，由少数花组成聚伞花序，花直立，花冠高脚碟状，深红色，无毛。

🍂 **果实**　蒴果卵圆形，隔膜宿存，透明；种子4，卵状长圆形，黑褐色。

应用

茑萝松纤细秀丽，是庭院花架、花篱的优良植物，也可作盆栽陈设于室内。

牵牛

● 别名 / 朝颜、牵牛花、碗公花、喇叭花
● 科名 / 旋花科　● 属名 / 牵牛属

● **花期**　1　2　3　4　5　6　7　8　9　10　11　12　<月份>

Pharbitis

 分布　原产热带美洲。我国除西北和东北的一些省外，大部分地区都有分布。

 繁殖方式　播种、压条繁殖。

▶ **形态特征**

一年生缠绕草本植物，茎上被倒向的短柔毛及杂有倒向或开展的长硬毛。

🍃 **叶子**　叶宽卵形或近圆形，叶面被微硬的柔毛。

✿ **花朵**　花腋生，单一或通常2朵着生于花序梗顶；花冠漏斗状，蓝紫色或紫红色。

🌰 **果实**　蒴果近球形；种子卵状三棱形，黑褐色或米黄色。

应用

牵牛为夏秋季常见的蔓生草花，可用于小庭院及居室窗前遮阴及小型棚架、篱垣的美化，也可作地被栽植。

虞美人

- 别名 / 丽春花
- 科名 / 罂粟科　● 属名 / 罂粟属

Papaver rhoeas

 分布 原产欧洲，我国各地常见栽培，为观赏植物。

 繁殖方式 播种繁殖。

▶ 形态特征

一年生草本植物，全株被伸展的刚毛。

叶子 叶互生，叶片为不整齐的羽状分裂，有锯齿。

花朵 花单生于茎和分枝顶端，具长梗，花蕾下垂，花开后花梗直立，花朵向上，花瓣质薄，具光泽，似绢。花瓣宽倒卵形或近圆形，全缘或稍裂。

果实 蒴果宽倒卵形；种子多数，肾状长圆形。

应用

虞美人花色绚丽，花姿优美，是装饰公园、绿地、庭园的理想材料。此花适于种植花坛、花带或成片种植。

花菱草

- 别名 / 金英花
- 科名 / 罂粟科 ● 属名 / 花菱草属

● 花期 1 2 3 **4** 5 **6** 7 **8** 9 10 11 12 <月份>

Eschscholzia californica

 分布 原产美国加利福尼亚州，我国广泛引种作庭园观赏植物。

 繁殖方式 播种繁殖。

▶ 形态特征

多年生草本植物，无毛，植株带蓝灰色。

叶子 基生叶数枚，叶柄长，叶片灰绿色，多回羽状3裂，深裂至全裂。

花朵 单花顶生，具长梗；花瓣狭扇形，亮黄色，基部具橙黄色斑点。

果实 蒴果狭长圆柱形；种子球形，具明显的网纹。

应用

花菱草茎叶灰绿，花朵繁多，花色艳丽，日照下有反光，是良好的花带、花径和盆栽材料，也可用于草坪丛植。

043

紫茉莉

● 别名 / 胭脂花、夜饭花
● 科名 / 紫茉莉科   ● 属名 / 紫茉莉属

● 花期   1 2 3 4 5 6 7 8 9 10 11 12   <月份>

Mirabilis jalapa

 分布   原产热带美洲，我国南北各地常栽培，有时逸为野生。

繁殖方式   播种繁殖。

▶ 形态特征

一年生草本植物。

叶子   叶片卵形或卵状三角形，顶端渐尖，基部截形或心形，全缘，两面均无毛。

花朵   花萼漏斗状，有香气，常傍晚开放，次日午前凋萎；有紫、红、白等色，亦有杂色，无花冠。

果实   果实卵形，黑色，有棱，呈地雷状。

应用

紫茉莉可于房前、屋后、篱垣、疏林旁丛植。叶、胚乳可制化妆用香粉；根、花、叶可入药。

044

萱草

● 别名 / 忘萱草
● 科名 / 百合科　● 属名 / 萱草属

● **花期**　1 2 3 4 5 6 7 8 9 10 11 12 ＜月份＞

Hemerocallis fulva

分布　全国各地常见栽培，秦岭以南各省区有野生。

繁殖方式　以分株繁殖为主，育种时用播种繁殖。

▶ **形态特征**

多年生草本植物。

🌿 **叶子**　叶条形。

❀ **花朵**　花葶粗壮，圆锥花序具6～12朵花或更多，花橘红或橘黄色，无香味；外轮花被裂片长圆状披针形，内轮裂片长圆形，下部有∧形彩斑，边缘有波状皱褶，盛开时裂片反卷。

🍂 **果实**　蒴果长圆形。

应用

萱草花色鲜艳，绿叶成丛，极为美观，园林中多丛植或用于花境、路旁栽植，又可作疏林地被植物；另外，萱草对氟十分敏感，可用来监测环境是否受到氟污染。

玉簪

- 别名 / 白玉簪、白鹤花
- 科名 / 百合科 ● 属名 / 玉簪属

● **花期** | 1 | 2 | 3 | 4 | 5 | 6 | 7 | 8 | 9 | 10 | 11 | 12 | ‹月份›

Hosta plantaginea

 分布 产于四川、湖北、湖南、江苏、安徽、浙江、福建和广东。

繁殖方式 分株或播种繁殖。

▶ 形态特征

多年生草本植物，根状茎粗厚。

叶子 叶卵状心形、卵形或卵圆形，先端近渐尖，基部心形。

花朵 花单生或2～3朵簇生，白色，芳香。雄蕊与花被近等长或略短，基部1.5～2厘米贴生于花被管。

果实 蒴果圆柱状，有3棱；种子黑色，顶端有翅。

应用

玉簪全草供药用；亦可供蔬食或作甜菜，但须去掉雄蕊。玉簪是较好的阴生植物，在园林中常用于树下作地被植物，也可盆栽观赏或作切花用。

紫萼

- 别名 / 紫玉簪
- 科名 / 百合科　●属名 / 玉簪属

● **花期**　1　2　3　4　5　**6**　**7**　8　9　10　11　12　　<月份>

Hosta ventricosa

 分布　分布于秦岭以南及西南。生于林下、草坡或路旁，海拔500~2400米。

 繁殖方式　多于春、秋季分株繁殖，也可播种繁殖。

▶ 形态特征

多年生草本植物。

 叶子　叶卵状心形、卵形至卵圆形，先端通常近短尾状或骤尖，基部心形或近截形。

花朵　花葶高60~100厘米，具10~30朵花；苞片矩圆状披针形，白色，膜质；花单生，盛开时从花被管向上骤然作近漏斗状扩大，紫红色。

果实　蒴果圆柱状，有3棱。

047

欧洲报春

- 别名 / 欧洲樱草、德国报春、西洋樱草
- 科名 / 报春花科   ● 属名 / 报春花属

● 花期　1 2 3 4 5 6 7 8 9 10 11 12 ＜月份＞

Primula vulgaris

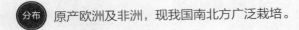 **分布** 原产欧洲及非洲，现我国南北方广泛栽培。

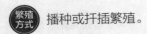 **繁殖方式** 播种或扦插繁殖。

▶ **形态特征**

多年生草本植物，被柔毛，无粉。

叶子 叶丛生，基部无鳞片，边缘具牙齿或圆齿，不分裂，基部渐窄。

花朵 花序伞形或花单生；花萼钟状，具5棱。

果实 蒴果角质，卵圆形至筒状，顶端短瓣开裂。

应用

欧洲报春花朵繁茂，色泽艳丽，花色丰富，常用作花坛、地被植物及盆花。

四季报春

● 别名 / 鄂报春
● 科名 / 报春花科　　● 属名 / 报春花属

● **花期**　1　2　3　4　5　6　7　8　9　10　11　12　**<月份>**

Primula obconica

 分布　产于云南、四川、贵州、湖北、湖南、广西、广东和江西。

 繁殖方式　播种繁殖。

▶ **形态特征**

多年生草本植物。

叶子　叶卵圆形、椭圆形或矩圆形，先端圆形，基部心形或有时圆形，边缘近全缘具小牙齿。

花朵　花葶自叶丛中抽出，伞形花序2~13花，花冠玫瑰红色，稀白色，花异型或同型。

果实　蒴果球形。

应用

四季报春现在世界各地广泛栽培，可用于盆栽观赏，以及春季布置花坛、花境等。

假龙头花

● 别名 / 随意草、芝麻花
● 科名 / 唇形科 ● 属名 / 假龙头花属

● **花期**　1　2　3　4　5　6　7　8　9　10　11　12　　〈月份〉

Physostegia virginiana

 分布 原产美国，我国南北均有引种栽培。

 繁殖方式 播种、分株繁殖。

▶ 形态特征

多年生宿根草本植物。茎丛生而直立，四棱形。

叶子 单叶对生，披针形，亮绿色，边缘具锯齿。

花朵 穗状花序顶生。花的唇瓣短，花色淡紫红，因其花朵排列在花序上酷似芝麻的花，唯密度稠一些，故又名芝麻花。

应用

假龙头花的叶形整齐，花色艳丽，很适合盆栽观赏或种植在花坛、花境之中。

藿香

- 别名 / 合香、苍告、山茴香
- 科名 / 唇形科 • 属名 / 藿香属

● 花期　1 2 3 4 5 6 7 8 9 10 11 12　<月份>

Agastache rugosa

 中国各地广泛分布。

 播种繁殖。

▶ 形态特征

多年生草本植物，茎直立，高0.5～1.5米，四棱形，粗达7～8毫米。

🍃 **叶子** 叶心状卵形至长圆状披针形。

🌸 **花朵** 花冠淡紫蓝色，长约8毫米。

🍒 **果实** 成熟小坚果卵状长圆形，长约1.8毫米，宽约1.1毫米。

应用

藿香多于花径、池畔和庭院成片栽植。藿香的嫩茎叶为野味之佳品。

红花酢浆草

- 别名 / 大酸味草
- 科名 / 酢浆草科 • 属名 / 酢浆草属

● **花期**　1　2　3　4　5　6　7　8　9　10　11　12　<月份>

Oxalis corymbosa

分布 原产南美热带地区，中国长江以北各地作为观赏植物引入，南方各地已逸为野生，生于低海拔的山地、路旁、荒地或水田中。

繁殖方式 分球或分株繁殖。

▶ 形态特征

多年生直立草本植物。无地上茎，地下部分有球状鳞茎。

 叶子 叶基生，小叶3片，扁圆状倒心形，顶端凹入，托叶长圆形，顶部狭尖，与叶柄基部合生。

花朵 总花梗基生，二歧聚伞花序，通常排列成伞形花序式，花瓣5，倒心形，淡紫色至紫红色。

应用

红花酢浆草在园林中广泛种植，既可以布置于花坛、花境，又适于大片栽植作为地被植物和隙地丛植。全草可入药。

紫叶酢浆草

● 别名／红叶酢浆草、三角酢浆草
● 科名／酢浆草科 ● 属名／酢浆草属

● 花期 1 2 3 4 5 6 7 8 9 10 11 12 ＜月份＞

Oxalis triangularis

 分布 原产巴西，现我国广泛栽培。

 繁殖方式 以分株繁殖为主，也可播种繁殖。

▶ 形态特征

多年生宿根草本植物，株高约15～30厘米。

🌿 叶子 叶簇生于地下鳞茎上，三出掌状复叶，小叶呈三角形，叶片初生时为玫瑰红色，成熟时为紫红色。

❀ 花朵 伞形花序，花白色至浅粉色。

应用

紫叶酢浆草叶艳，叶背光亮，花多，花密，花期长，植株整齐，群体景观效果好，观赏期长，是优良的彩叶地被植物。

酢浆草

- 别名 / 酸浆草、酸酸草、斑鸠酸、三叶酸、酸咪咪、钩钩草
- 科名 / 酢浆草科　●属名 / 酢浆草属

Oxalis corniculata

 分布　亚洲温带和亚热带、欧洲、地中海和北美皆有分布。我国各地广泛分布。

 繁殖方式　分株繁殖。

▶ 形态特征

多年生草本植物，高10～35厘米，全株被柔毛。根茎稍肥厚。茎细弱，直立或匍匐，匍匐茎节上生根。

 叶子　叶基生或茎上互生；托叶小；小叶3，无柄，倒心形，先端凹入，基部宽楔形。

花朵　花单生或数朵集为伞形花序状，腋生，总花梗淡红色，萼片5，披针形或长圆状披针形，长3～5毫米，花瓣5，黄色，长圆状倒卵形。

应用

酢浆草全草可入药，能解热利尿，消肿散瘀；茎叶含草酸，可用以磨镜或擦铜器，使其具有光泽。

莺歌凤梨

● 别名 / 岐花鹦哥凤梨、珊瑚花凤梨、黄金玉扇
● 科名 / 凤梨科　● 属名 / 丽穗凤梨属

● **花期**　1　2　3　4　5　6　7　8　9　10　11　12　<月份>

Vriesea carinata

（分布）原产美洲热带地区。我国近几年有引种，各地均有广泛栽培。

（繁殖方式）幼芽扦插繁殖。

▶ 形态特征

小型附生种，株高15~30厘米。

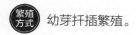（叶子）叶呈莲座状，叶片绿色，带状，薄肉质，叶面平滑而富有光泽。

（花朵）花梗顶端扁平的苞片，整齐依序叠生成莺哥鸟的冠毛状，苞片基部呈红色，苞端呈嫩黄色或黄绿色，小花黄色。

应用

莺歌凤梨植株低矮，小巧玲珑，花、叶均艳丽美观，为家庭室内养花佳品。

铁兰

- 别名 / 紫花凤梨
- 科名 / 凤梨科 ● 属名 / 铁兰属

● **花期** 1 2 3 4 5 6 7 8 9 10 11 12 ‹月份›

Tillandsia cyanea

分布 原产热带地区。

繁殖方式 播种、分株或扦插繁殖。

▶ 形态特征

多年生草本植物，株高约30厘米。

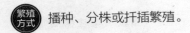 **叶子** 叶基出，莲座状，中部下凹，叶宽线形，下垂，淡绿色至绿色。

花朵 总苞呈扇状，粉红色，自下而上开紫红色花。

 应用

铁兰小巧玲珑，秀丽美观，花期甚长，又能耐阴，是家庭养护、美化居室的极好材料。

果子蔓

- 别名 / 擎天凤梨、西洋凤梨
- 科名 / 凤梨科 ● 属名 / 果子蔓属

Guzmania atilla

分布 原产热带美洲。

繁殖方式 常用分株和播种繁殖；商业生产用组培繁殖。

▶ 形态特征

多年生附生草本植物。

叶子 茎短，叶互生，莲座式排列，叶宽带形，绿色，全缘，中央有一蓄水的水槽。

花朵 品种繁多，苞片有黄色、红色、紫色等，小花生于苞片之内，开放时伸出。

应用

果子蔓品种繁多，既可观叶又可观花，常用作室内盆栽，还可作切花用。

水塔花

● 别名 / 水槽凤梨、火焰凤梨
● 科名 / 凤梨科 ● 属名 / 水塔花属

● 花期 1 2 3 4 5 6 7 8 9 10 11 12 <月份>

Billbergia pyramidalis

 分布 原产巴西，我国南部引种栽培。

 繁殖方式 常用分株、扦插和播种繁殖。

▶ 形态特征

多年生常绿草本植物，株高50～60厘米。

 叶子 叶莲座状排列，有叶10～15片，叶片肥厚，宽大，叶缘有小锯齿。

花朵 穗状花序，直立，苞片披针形，花冠鲜红色，花瓣外卷，边缘带紫。

应用

水塔花株丛青翠，花色艳丽，是良好的盆栽花卉，亦是点缀阳台、厅室的佳品。

虎耳草

●别名 / 金线吊芙蓉
●科名 / 虎耳草科 ●属名 / 虎耳草属

● 花期 1 2 3 4 5 6 7 8 9 10 11 12 <月份>

Saxifraga stolonifera

 分布 产于河北、陕西、甘肃以南大部分省区，生于海拔
400~4500米的林下、灌丛、草甸和阴湿岩隙。

 繁殖方式 分株繁殖。

▶ **形态特征**

多年生草本植物。

叶子 鞭匐枝细长，密被卷曲长腺毛，具鳞片状
叶。基生叶具长柄，叶片近心形、肾形至扁圆形，先
端钝或急尖；茎生叶披针形。

花朵 聚伞花序圆锥状，花序分枝，被腺毛；花两
侧对称；花瓣白色，中上部具紫红色斑点。

 应用

虎耳草株形矮小，枝
叶疏密有致，叶片鲜
艳美丽，园林中常作
林下地被和盆栽。全
草可入药。

落新妇

- 别名 / 小升麻
- 科名 / 虎耳草科　●属名 / 落新妇属

● **花期** | 1 | 2 | 3 | 4 | 5 | 6 | 7 | 8 | 9 | 10 | 11 | 12 | <月份>

Astilbe chinensis

 分布 多分布于河北、山西、陕西、甘肃、青海、山东、浙江、江西、河南、湖北、湖南、四川、云南。

 繁殖方式 播种繁殖。

▶ 形态特征

多年生草本植物。

🌿 **叶子** 基生叶为二或三回三出羽状复叶；顶生小叶菱状椭圆形，侧生小叶卵形或椭圆形，先端短渐尖或急尖，具重锯齿；茎生叶较小。

🌸 **花朵** 圆锥花序，花密集，线形花瓣5，淡紫色或紫红色。

应用

落新妇适宜种植在疏林下及林缘墙垣半阴处，也可植于溪边和湖畔，还可种植于花坛和花境。矮生类型可布置岩石园，还可作切花材料或盆栽。根状茎、茎、叶含鞣质，可提制栲胶；根状茎还可入药。

060

非洲紫罗兰

● 别名 / 非洲堇、非洲苦苣苔
● 科名 / 苦苣苔科　● 属名 / 非洲紫苣苔属

● 花期　`1` `2` `3` `4` `5` `6` `7` `8` `9` `10` `11` `12`　<月份>

Saintpaulia ionantha

分布 原产非洲。

繁殖方式 常用播种和扦插繁殖。

▶ 形态特征

多年生草本植物。

叶子 叶片轮状平铺生长，呈莲座状，叶卵圆形，全缘，先端稍尖。

花朵 花梗自叶腋间抽出，花单朵顶生或交错对生，花色有深紫罗兰色、蓝紫色、浅红色、白色、红色等，有单瓣、半重瓣、重瓣之分。

应用

非洲紫罗兰植株矮小，四季开花，花形俊俏雅致，花色绚丽多彩，花期长，是优良的室内花卉。

艳山姜

- 别名 / 彩叶姜、斑纹月桃
- 科名 / 姜科　属名 / 山姜属

● 花期　1 2 3 **4 5** 6 7 8 9 10 11 12　<月份>

Alpinia zerumbet

 分布 产于中国东南部至西南部各省区。热带亚洲广泛分布。

 繁殖方式 播种繁殖。

▶ 形态特征

叶子 叶片披针形，顶端渐尖而有一旋卷的小尖头，两面均无毛。

花朵 圆锥花序呈总状花序式，下垂，花序轴紫红色，小苞片椭圆形；花萼近钟形，白色，顶粉红色，一侧开裂，顶端又齿裂。

果实 蒴果卵圆形，被稀疏的粗毛，具显露的条纹，熟时朱红色。

应用

艳山姜叶片宽大，色彩绚丽迷人，是一种极好的观叶植物。常种植在溪水旁或树荫下，给人回归自然、享受野趣的快乐。根茎和果实可入药。叶鞘可作纤维原料。

八宝

- 别名 / 活血三七、对叶景天
- 科名 / 景天科　●属名 / 八宝属

● 花期　1 2 3 4 5 6 7 8 9 10 11 12　＜月份＞

Hylotelephium erythrostictum

 分布 产于东北、华北、华中至西南地区，生长于海拔450～1800米的山坡草地或沟边。

 繁殖方式 扦插、分株繁殖。

▶ 形态特征

多年生草本植物。块根胡萝卜状。茎直立，不分枝。

🌿 叶子 叶对生，少有互生或3叶轮生，长圆形至卵状长圆形，先端急尖，钝，边缘有疏锯齿，无柄。

✿ 花朵 伞房状花序顶生；花密生，白色或粉红色，花药紫色。

应用

八宝全草可入药。园林中常将它配合其他花卉来布置花坛、花境或成片栽植做护坡地被植物，可以做圆圈、方块、云卷、弧形、扇面等造型。

佛甲草

- 别名 / 佛指甲、狗牙菜
- 科名 / 景天科　● 属名 / 景天属

● 花期　1 2 3 4 5 6 7 8 9 10 11 12 ＜月份＞

Sedum lineare

 分布 产于我国西南、华中、西北、华东等部分省区，日本也有，生于低山或平地草坡上。

繁殖方式 播种、扦插、分株繁殖。

▶ 形态特征

多年生草本植物，无毛。

叶子 叶线形，先端钝尖，基部无柄，有短距。

花朵 花序聚伞状，顶生，疏生花，中央有一朵有短梗的花，着生花无梗；萼片5，线状披针形，花瓣黄色，披针形，先端急尖。

应用

佛甲草植株细腻、花色美丽，可作盆栽欣赏，亦是优良的地被植物；佛甲草根系浅，耐旱性强，可用于屋顶绿化。全草还可入药。

长寿花

- 别名 / 多花伽蓝菜
- 科名 / 景天科 ● 属名 / 伽蓝菜属

● **花期** 1 2 3 4 5 6 7 8 9 10 11 12 <月份>

Kalanchoe blossfeldiana

分布 原产马达加斯加，我国引种栽培供观赏。

繁殖方式 扦插、组培繁殖。

▶ 形态特征

多年生肉质草本植物，茎木质化，多分枝，新生分枝柔软常下垂。

叶子 叶对生，长卵形，稍具肉质。

花朵 聚伞花序，小花橙红至绯红色。

果实 蓇葖果，种子多数。

应用

长寿花植株小巧玲珑，株形紧凑，叶片翠绿，花朵密集，是非常理想的室内盆栽花卉。

落地生根

●别名 / 不死鸟、墨西哥斗笠、灯笼花、花蝴蝶、叶爆芽
●科名 / 景天科　●属名 / 落地生根属

● 花期　1 2 3 4 5 6 7 8 9 10 11 12　<月份>

Bryophyllum pinnatum

 分布　原产非洲。

 繁殖方式　常用叶插繁殖。

▶ 形态特征

多年生草本植物，高40～150厘米；茎有分枝。

 叶子　羽状复叶，小叶长圆形至椭圆形，边缘有圆齿，圆齿底部容易生芽，芽长大后落地即成一新植株。

花朵　圆锥花序顶生，长10～40厘米；花下垂，花冠高脚碟形，长达5厘米，基部稍膨大，向上成管状，裂片4，卵状披针形，淡红色或紫红色。

果实　蓇葖包在花萼及花冠内；种子小，有条纹。

应用

落地生根全草可入药，能解毒消肿，活血止痛，拔毒生肌，也可栽培作观赏用。

菊花

- 别名 / 秋菊、寿客、金英
- 科名 / 菊科　属名 / 菊属

● 花期　1 2 3 4 5 6 7 8 9 10 11 12　<月份>

Dendranthema morifolium

 分布　原产我国，各地均有栽培，园艺品种极多。

 繁殖方式　常扦插繁殖。

▶ 形态特征

多年生草本植物，高60～150厘米。茎直立，分枝或不分枝，被柔毛。

叶子　叶片卵形至披针形，羽状浅裂或半裂，有短柄，叶下面被白色短柔毛。

花朵　头状花序直径大小不一。总苞片多层，外层外面被柔毛。舌状花颜色多种。管状花黄色。

应用

菊花是中国十大名花之一，也是世界四大切花之一。我国菊花的栽培及文化历史源远流长，菊花枝条柔软且多，可制作各种造型，也可作盆栽观赏。菊花还可食用（如菊花茶等）和制作保健品。

067

非洲菊

- 别名 / 扶郎花、灯盏花
- 科名 / 菊科　●属名 / 大丁草属

● **花期** 　1　2　3　4　5　6　7　8　9　10　11　12　<月份>

Gerbera jamesonii

 分布 原产非洲，现我国各地均有栽培。

 繁殖方式 播种、分株、扦插繁殖。

▶ 形态特征

多年生草本植物。

✔ 叶子 叶片长椭圆形至长圆形，顶端短尖或略钝，边缘不规则羽状浅裂或深裂，莲座状。

❀ 花朵 头状花序单生于花葶之顶，总苞钟形，花朵硕大，花色有红色、白色、黄色、橙色、紫色等，花色丰富。

🍒 果实 瘦果圆柱形，密被白色短柔毛。

应用

非洲菊常作盆栽、切花，也可布置花坛、花境，是美化环境的理想花卉。

瓜叶菊

- 别名 / 富贵菊
- 科名 / 菊科 ● 属名 / 瓜叶菊属

Pericallis hybrida

 分布 原产大西洋加那利群岛，现我国南北均有栽培。

 繁殖方式 一般采用播种繁殖，重瓣品种以扦插为主。

▶ 形态特征

多年生草本植物。茎直立，被密白色长柔毛。

叶子 叶片大，肾形至宽心形，顶端急尖或渐尖，边缘不规则三角状浅裂或具钝锯齿，叶背灰白色，被密绒毛。

花朵 头状花序，多数，聚合成伞房花序，花色多，管状花黄色。

果实 瘦果长圆形，具棱，初时被毛，后变无毛。

应用

瓜叶菊常用于花坛、花境栽植或盆栽，其花朵鲜艳，给人以清新宜人的感觉。

金鸡菊

● 别名 / 小波斯菊、金钱菊、孔雀菊
● 科名 / 菊科　● 属名 / 金鸡菊属

● 花期　1　2　3　4　5　6　7　8　9　10　11　12　<月份>

Coreopsis drummondii

 分布　原产美国南部。

 繁殖方式　播种、分株繁殖。

▶ 形态特征

多年生宿根草本植物。

 叶子　叶片多对生，稀互生，全缘、浅裂或切裂。

花朵　花单生或疏圆锥花序，总苞两列，每列3枚，基部合生。舌状花1列，宽舌状，黄色。管状花黄色至褐色。

应用

金鸡菊枝叶密集，花色艳丽，是极好的疏林地被植物，还可作为花境材料。

勋章菊

● 别名 / 勋章花、非洲太阳花
● 科名 / 菊科 ● 属名 / 勋章菊属

● **花期** 1 2 3 4 5 6 7 8 9 10 11 12 <月份>

Gazania rigens

分布 原产非洲南部，现世界各地广为栽培。

繁殖方式 播种繁殖。

▶ **形态特征**

多年生草本植物。

叶子 勋章菊具根茎，叶由根际丛生，叶片披针形或倒卵状披针形，全缘或有浅羽裂，叶背密被白毛。

花朵 头状花序，舌状花为白、黄、橙红等色，花瓣有光泽。

应用

勋章菊花形奇特，花色丰富，其花心有深色眼斑，形似勋章，具有浓厚的野趣，是园林中常见的盆栽花卉和花坛用花。

松果菊

● 别名 / 紫锥花、紫锥菊、紫松果菊

● 科名 / 菊科   ● 属名 / 松果菊属

● **花期** 　1　2　3　4　5　6　7　8　9　10　11　12　<月份>

Echinacea purpurea

 分布 原产于北美洲中部及东部，世界各地多有栽培。

 繁殖方式 播种繁殖。

▶ 形态特征

多年生草本植物，株高50～150厘米，全株具粗毛，茎直立。

🌱 叶子 基生叶卵形或三角形，茎生叶卵状披针形，叶柄基部稍抱茎。

🌼 花朵 头状花序单生于枝顶，或数多聚生，花径达10厘米，舌状花紫红色，管状花橙黄色。

应用

在美国和欧洲，松果菊被普遍认为具有增强免疫力的作用，它含有多种活性成分，可刺激人体内白细胞等免疫细胞活力，提高机体免疫力。作为观赏植物，常作背景栽植或作花境、坡地材料，亦可作切花材料。

蟛蜞菊

- 别名 / 路边菊、马兰草、蟛蜞花
- 科名 / 菊科 ● 属名 / 蟛蜞菊属

● 花期　1　2　3　4　5　6　7　8　9　10　11　12　　〈月份〉

Wedelia chinensis

 分布 分布于辽宁、福建、台湾、广东、海南、广西、贵州等地。

繁殖方式 播种繁殖。

▶ 形态特征

多年生草本植物。茎匍匐，上部近直立。

叶子 叶对生；叶片条状披针形或倒披针形，先端短尖或钝，基部狭，全缘或有1～3对粗疏齿。

花朵 头状花序单生于枝端或叶腋；总苞钟形，总苞片2层，外层叶质，绿色，椭圆形；舌状花黄色，舌片卵状长圆形；筒状花较多黄色，花冠近钟形。

果实 瘦果，倒卵形；有3棱或两侧压扁。

应用

蟛蜞菊全草可入药，用于感冒发热、咽喉炎、扁桃体炎、腮腺炎、白喉、百日咳、气管炎、肺炎、肺结核咳血、鼻衄、尿血、传染性肝炎、痢疾、痔疮、疔疮肿毒。

春兰

- 别名 / 朵兰、扑地兰
- 科名 / 兰科 ● 属名 / 兰属

● **花期** | 1 | 2 | 3 | 4 5 6 7 8 9 10 11 12 ‹月份›

Cymbidium goeringii

 分布 产于秦岭淮河以南及西南。生于多石山坡、林缘、林中透光处。

繁殖方式 分株、播种、组织培养，以分株繁殖为主。

▶ **形态特征**

地生植物；假鳞茎较小，藏于叶基之内。

🌿 **叶子** 叶4～7枚，较短小。

✿ **花朵** 花葶从假鳞茎基部外侧叶腋中抽出，直立，明显短于叶。花序具单朵花，有香气。

🍒 **果实** 蒴果狭椭圆形。

应用

春兰开花时清新素雅，多作盆栽以供观赏。

墨兰

● 花期　1 2 3 4 5 6 7 8 9 10 11 12　<月份>

Cymbidium sinense

 分布 多分布于我国中南部，生于海拔300~2000米林下、灌木林中或溪谷旁湿润但排水良好的荫蔽处。

 繁殖方式 分株繁殖。

▶ **形态特征**

地生草本植物。假鳞茎卵球形，包藏于叶基之内。

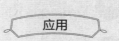 **叶子** 叶3~5枚，带形。

花朵 花葶从假鳞茎基部发出，直立，一般略长于叶；总状花序具10~20朵或更多的花；花色较常为暗紫色或紫褐色而具浅色唇瓣，也有黄绿色、桃红色或白色的，一般有较浓的香气；花瓣近狭卵形。

果实 蒴果狭椭圆形。

应用

墨兰常用作装点室内环境和馈赠亲朋的主要礼仪盆花、切花。

蕙兰

- 别名 / 中国兰、九子兰
- 科名 / 兰科 ● 属名 / 兰属

● 花期　1 2 3 4 5 6 7 8 9 10 11 12 <月份>

Cymbidium faberi

 分布 原产秦岭淮河以南及西南。生于湿润但排水良好的透光处。尼泊尔、印度北部也有分布。

 繁殖方式 分株繁殖。

▶ 形态特征

地生草本植物；假鳞茎不明显。

 叶子 叶5～8枚，带形，边缘常有粗锯齿。

花朵 总状花序具5～11朵或更多的花；花常为浅黄绿色，唇瓣有紫红色斑，有香气。

果实 蒴果近狭椭圆形。

应用

蕙兰花枝粗大，花朵多，香气醇美，可盆栽或供作鲜切花。

建兰

- 别名 / 四季兰
- 科名 / 兰科　·属名 / 兰属

● 花期　1 2 3 4 5 6 7 8 9 10 11 12 ＜月份＞

Cymbidium ensifolium

 分布　原产我国中南部，广泛分布于东南亚和南亚各国，北至日本。

 繁殖方式　分株繁殖。

▶ **形态特征**

地生植物；假鳞茎卵球形，包藏于叶基之内。

🌿 **叶子**　叶2～6枚，带形，有光泽，前部边缘有时有细齿。

✿ **花朵**　总状花序具3～13朵花；花常有香气，通常为浅黄绿色而具紫斑。

🍒 **果实**　蒴果狭椭圆形。

应用

建兰具有较高的园艺和草药价值，栽培历史悠久，品种繁多，在我国南方栽培十分普遍，是阳台、客厅、花架和小庭院台阶陈设佳品，显得清新高雅。

寒兰

●科名／兰科 ●属名／兰属

Cymbidium kanran

 分布 产于我国中南部，生于海拔400～2400米林下、溪谷旁或稍荫蔽、湿润、多石之土壤上。日本和朝鲜半岛也有分布。

 繁殖方式 分株繁殖。

▶ 形态特征

地生植物；假鳞茎狭卵球形。

 叶子 叶带形，先端渐尖。

花朵 总状花序疏生5～12朵花，花苞片狭披针形，唇瓣淡黄色，侧裂片上通常有紫红色斑点和条纹，常有浓烈香气。

应用

寒兰株形修长健美，叶姿优雅俊秀，花色艳丽多变，香味清醇久远，宜作盆栽欣赏。

大花蕙兰

- 别名 / 喜姆比兰、蝉兰
- 科名 / 兰科　● 属名 / 兰属

● 花期　1 2 3 4 5 6 7 8 9 10 11 12　〈月份〉

Cymbidium hybrid

 分布　大花蕙兰为园艺杂交种，产地主要是日本、韩国和中国、澳大利亚及美国。

繁殖方式　分株、组培繁殖。

▶ 形态特征

常绿多年生附生草本植物，假鳞茎粗壮，属合轴性兰花。假鳞茎较大，根肉质。

 叶子　叶片长披针形，不同品种，叶片长度、宽度差异很大。

花朵　总状花序，或直立，或下垂，具花10～20朵或更多，品种之间差异较大，花的大小、色泽与品种有关。

应用

大花蕙兰株形美丽，花朵雅致艳丽，常作盆栽装点室内。

蝴蝶兰

● 别名 / 蝶兰、台湾蝴蝶兰
● 科名 / 兰科　● 属名 / 蝴蝶兰属

● 花期 　1 2 3 4 5 6 7 8 9 10 11 12 　<月份>

Phalaenopsis aphrodite

 分布 产于台湾。生于低海拔的热带和亚热带的丛林树干上。菲律宾亦有分布。

繁殖方式 组织培养、无菌播种繁殖和花梗催芽繁殖法。

▶ 形态特征

多年生草本植物，茎很短，常被叶鞘所包。

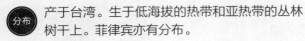 **叶子** 叶片稍肉质，椭圆形，长圆形或镰刀状长圆形，先端锐尖或钝。

花朵 花序侧生于茎的基部，花序轴紫绿色，常具数朵由基部向顶端逐朵开放的花；花白色、粉色，唇瓣3裂，基部具红色斑点或细条纹。

应用

蝴蝶兰色彩多种，花色艳丽，花朵形如蝴蝶，花期长，为著名的盆栽、切花。

卡特兰

- 别名 / 嘉德利亚兰、加多利亚兰、卡特利亚兰
- 科名 / 兰科　　属名 / 卡特兰属

● **花期**　1　2　3　4　5　6　7　8　9　10　11　12　<月份>

Cattleya hybrida

 原产美洲热带。附生于森林大树的枝干或湿润多雨的海岸上。是哥斯达黎加的国花。

 分株、组织培养或无菌播种。

▶ **形态特征**

多年生草本植物。

 植株具有1~3片革质厚叶，叶片厚实呈长卵形。

❀ **花朵** 花梗长20厘米，有花5至10朵，花大，有特殊的香气，除黑色、蓝色外，几乎各色俱全，姿色美艳，有"兰花之王"的称号。一年开花1~2次，赏花期一般为3~4周。

应用

卡特兰花形、花色千姿百态，绚丽夺目，花期长，常用作盆栽或切花材料。

石斛

- 别名 / 仙斛兰韵、不死草、还魂草
- 科名 / 兰科　●　属名 / 石斛属

● **花期**　1 2 3 4 5 6 7 8 9 10 11 12　<月份>

Dendrobium nobile

分布 分布于台湾、湖北、香港、海南、广西、四川、贵州、云南、西藏等地。

繁殖方式 分株、组培繁殖。

▶ 形态特征

茎直立，肉质状肥厚，稍扁的圆柱形，具多节，节有时稍肿大；节间多少呈倒圆锥形。

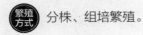 **叶子** 叶革质，长圆形。

✿ **花朵** 总状花序从具叶或落了叶的老茎中部以上部分发出，具1~4朵花；花大，白色带淡紫色先端，有时全体淡紫红色或除唇盘上具1个紫红色斑块外，其余均为白色。

应用

石斛花姿优雅，玲珑可爱，花色鲜艳，气味芳香，被喻为"四大观赏洋花"之一，可作盆栽，也用于园林造景，亦可入药。

文心兰

● **花期** 1 2 3 4 5 6 7 8 9 10 11 12 <月份>

Oncidium hybridum

 分布 主要分布于美国、墨西哥等中南美洲的热带和亚热带地区。

 繁殖方式 分株、组培繁殖。

▶ 形态特征

复茎性气生兰类，具有卵形、纺锤形、圆形或扁圆形假球茎。

 叶子 叶片带形或线状舌形，先端钝尖。

花朵 花葶从假鳞茎上抽出，其花朵色彩鲜艳，形似飞翔的金蝶，花瓣与背萼也几乎相等或稍大；花的唇瓣通常三裂，或大或小，呈提琴状。

应用

文心兰是一种极美丽而又极具观赏价值的兰花，常作切花和盆栽。

柳兰

- 别名／铁筷子、火烧兰
- 科名／柳叶菜科 ● 属名／柳兰属

● 花期 | 1 | 2 | 3 | 4 | 5 | 6 | 7 | 8 | 9 | 10 | 11 | 12 | ‹月份›

Epilobium angustifolium

分布 产于东北、华北、西北及西南。生长于500～4700米山区半开旷或开旷较湿润草坡灌丛、火烧迹地、高山草甸、河滩、砾石坡。

繁殖方式 播种繁殖，也可扦插和分株繁殖。

▶ **形态特征**

多年生粗壮草本植物，直立，丛生。

叶子 叶螺旋状互生，无柄，披针状长圆形至倒卵形，两面无毛。

花朵 花序总状，花在芽时下垂，到开放时直立展开；萼片紫红色。

应用

柳兰为火烧后先锋植物与重要蜜源植物；嫩苗开水汆烫后可食用；根状茎可入药。花穗长，花色艳美，是较为理想的夏花植物。其地下根茎生长能力极强，易形成大片群体，宜用作花境的背景材料与插花材料。

山桃草

- 别名 / 白桃花、白蝶花
- 科名 / 柳叶菜科 • 属名 / 山桃草属

● **花期**   1 2 3 4 5 6 7 8 9 10 11 12   ＜月份＞

Gaura lindheimeri

 分布 原产北美，我国北京、山东、南京、浙江、江西、香港等有引种，并逸为野生。

 繁殖方式 播种、分株法繁殖。

▶ 形态特征

多年生宿根草本植物，株高100～150厘米。

 叶子 叶对生，披针形，先端尖，叶缘具波状齿，外卷。

❀ **花朵** 穗状花序或圆锥花序顶生，花小，白色或粉红色，花近拂晓开放。

应用

山桃草极具观赏性，适合群栽，供花坛、花境、地被、盆栽、草坪点缀，适用于园林绿地，多成片群植，既可用作庭院绿化，也可作插花材料。

085

芍药

- 别名 / 别离草、花中宰相
- 科名 / 芍药科　● 属名 / 芍药属

● 花期 | 1 | 2 | 3 | 4 | 5 | 6 | 7 | 8 | 9 | 10 | 11 | 12 | <月份>

Paeonia lactiflora

 分布 分布于东北、华北、陕西及甘肃南部，生于海拔480～2300米的山坡草地及林下。

繁殖方式 分株、播种、扦插、压条等繁殖。

▶ 形态特征

多年生草本植物。根粗壮，分枝黑褐色。

🌿 **叶子** 下部茎生叶为二回三出复叶，上部茎生叶为三出复叶；小叶狭卵形、椭圆形或披针形，顶端渐尖，边缘具白色骨质细齿，两面无毛。

🌸 **花朵** 花数朵生于茎顶和叶腋，有时仅顶端一朵开放，花瓣9～13，倒卵形。

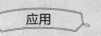

应用

芍药花大色艳，观赏性佳，可作专类园、切花、花坛用花等；根可入药；种子含油量约25%，供制皂和涂料用。

086

飞燕草

●别名／千鸟草
●科名／毛莨科 ●属名／飞燕草属

● 花期　1 2 3 4 5 6 7 8 9 10 11 12　<月份>

Consolida ajacis

 分布　原产欧洲南部和亚洲西南部。在我国各城市有栽培。

 繁殖方式　分株、播种繁殖。

▶ 形态特征

多年生草本植物。茎下部叶有长柄，在开花时多枯萎。

 叶子　叶掌状细裂，有短柔毛。

花朵　花序生茎或分枝顶端，萼片紫色、粉红色或白色，宽卵形；花瓣的瓣片三裂，先端二浅裂，侧裂片与中裂片成直角展出，卵形。

果实　蓇葖直且密被短柔毛。种子长约2毫米。

应用

飞燕草花形别致、色彩淡雅，宜丛植，也可用于花坛、花境或作切花。

087

欧耧斗菜

- 别名 / 欧洲耧斗菜
- 科名 / 毛茛科 ● 属名 / 耧斗菜属

● 花期 | 1 2 3 4 5 6 7 8 9 10 11 12 | <月份>

Aquilegia vulgaris

分布 原产欧洲，我国南北方均有栽培。

繁殖方式 分株、播种繁殖。

▶ **形态特征**

多年生草本植物，株高40~80厘米。

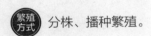 **叶子** 叶基生及茎生，叶卵状三角形。

花朵 聚伞花序生于枝顶，一茎着生多花，花梗长且纤细，花朵下垂，花有蓝、紫或白色。

应用

欧耧斗菜花姿娇小玲珑，花色明快，适应性强，是优良的庭园花卉，适于布置花坛、花径等，花枝可作切花。

铁线莲

- 别名 / 铁线牡丹、番莲、金包银
- 科名 / 毛茛科　属名 / 铁线莲属

● **花期**　1　2　3　4　5　6　7　8　9　10　11　12　<月份>

Clematis florida

 分布　原产广西、广东、湖南、江西。生长于低山区的丘陵灌丛中，山谷、路旁及小溪边。

 繁殖方式　播种、压条、嫁接、分株或扦插繁殖均可。

▶ **形态特征**

草质藤本。茎棕色或紫红色，具六条纵纹。

叶子　二回三出复叶，小叶片狭卵形至披针形，顶端钝尖，基部圆形或阔楔形，边缘全缘。

花朵　花单生于叶腋；苞片宽卵圆形或卵状三角形，花开展，萼片6枚，白色，倒卵圆形或匙形。

果实　瘦果倒卵形，扁平。

天竺葵

- 别名 / 洋绣球、石腊红、入腊红
- 科名 / 牻牛儿苗科　●属名 / 天竺葵属

● 花期　| 1 | 2 | 3 | 4 | 5 | 6 | 7 | 8 | 9 | 10 | 11 | 12 |　<月份>

Pelargonium hortorum

分布 原产非洲南部，我国各地普遍栽培。

繁殖方式 扦插、播种、组培繁殖。

▶ 形态特征

多年生草本植物。茎直立，具明显的节，密被短柔毛，具浓裂鱼腥味。

叶子 叶互生，圆形或肾形，边缘波状浅裂，表面叶缘以内有暗红色马蹄形环纹。

花朵 伞形花序腋生，总花梗长于叶，被短柔毛；花瓣红色、橙红色、粉红色或白色，宽倒卵形。

果实 蒴果被柔毛。

应用

天竺葵适应性强，花色鲜艳，花期长，适用于室内摆放、花坛布置等；还可提炼精油。

五星花

● 花期　| 1 | 2 | 3 | 4 | 5 | 6 | 7 | 8 | 9 | 10 | 11 | 12 |　<月份>

Pentas lanceolata

 原产非洲热带和阿拉伯地区，我国南部有栽培。

 播种、扦插，以扦插繁殖为主。

▶ 形态特征

直立或外倾的亚灌木，高30～70厘米，被毛。

叶子 叶卵形、椭圆形或披针状长圆形，长可达15厘米，顶端短尖，基部渐狭成短柄。

花朵 聚伞花序密集，顶生，小花呈筒状，裂成五角星形，花无梗；花冠淡紫色，喉部被密毛，冠檐开展。

应用

五星花耐旱、耐高温，比较耐寒却不耐阴，花期持久，颜色有粉红、绯红、桃红、白色等，适用于盆栽及布置于花台、花坛及景观。

丽格海棠

● 别名 / 玫瑰海棠
● 科名 / 秋海棠科 ● 属名 / 秋海棠属

● **花期** | 1 | 2 | 3 | 4 | 5 | 6 | 7 | 8 | 9 | 10 | 11 | 12 | <月份>

Begonia×elatior

 分布 园艺杂交种，分布于热带及亚热带地区。

 繁殖方式 播种、扦插、组培繁殖。

▶ **形态特征**

多年生草本花卉，茎肉质多汁。

🍃 叶子 单叶互生，心形，叶缘为重锯齿状或缺刻，掌状脉，多为绿色，也有棕色。

🌸 花朵 花形多样，多为重瓣，花色有红、橙、黄、白等。

应用

丽格海棠花期长，花色丰富，枝叶翠绿，株形丰满，是冬季美化室内环境的优良品种，也是四季室内观花植物的主要种类之一。

四季海棠

- 别名 / 四季秋海棠
- 科名 / 秋海棠科　　 属名 / 秋海棠属

Begonia semperflorens

分布 原产印度东北部，我国各地均有栽培，常年开花。

繁殖方式 播种、扦插、分株繁殖。

▶ 形态特征

肉质草本植物；根纤维状；茎直立，肉质，无毛，基部多分枝，多叶。

叶子 叶卵形或宽卵形，边缘有锯齿，两面光亮，绿色，但主脉通常微红。

花朵 花淡红或带白色，数朵聚生于腋生的总花梗上，雄花较大，有花被片4，雌花稍小，有花被片5。

果实 蒴果绿色，带有红色的翅。

应用

四季海棠株姿秀美，叶色油绿光洁，花朵玲珑娇艳，广为大众所喜爱，可以盆栽观赏，也可种植于花坛、吊盆、栽植槽、窗箱等。

石竹

● 花期　1 2 3 4 5 6 7 8 9 10 11 12 ＜月份＞

Dianthus chinensis

 分布 原产我国北方，现在南北方普遍生长。生长于草原和山坡草地。

 繁殖方式 常用播种、扦插和分株繁殖。

▶ 形态特征

多年生直立草本植物，全株无毛，带粉绿色。

叶子 叶片线状披针形，顶端渐尖，基部稍狭，全缘或有细小齿，中脉较显。

花朵 花单生枝端或数花集成聚伞花序；花萼圆筒形，有纵条纹；花瓣倒卵状三角形，雄蕊露出喉部外，花药蓝色。

果实 蒴果圆筒形，种子黑色，扁圆形。

应用

石竹株形低矮，茎杆似竹，叶丛青翠，花色丰富，品种良多，可用于花坛、花境、花台或盆栽，也可用于岩石园和草坪边缘点缀，或大面积成片栽植时可作景观地被材料；根和全草还可入药。

香石竹

- 别名 / 康乃馨、狮头石竹
- 科名 / 石竹科　● 属名 / 石竹属

● **花期**　1 2 3 4 5 6 7 8 9 10 11 12 <月份>

Dianthus caryophyllus

 分布　原产欧亚温带，我国广泛栽培，多为园艺种。

 繁殖方式　播种、扦插繁殖。

▶ 形态特征

多年生草本植物，全株无毛，粉绿色。茎丛生，直立。

 叶子　叶片线状披针形，中脉明显。

花朵　常单生枝端，有时2或3朵，有香气；花萼圆筒形，萼齿披针形，边缘膜质；瓣片倒卵形；雄蕊长达喉部；花柱伸出花外。

果实　蒴果卵球形。

应用

香石竹是优异的鲜切花，矮生品种还可用于盆栽观赏；花朵还可提取香精。

剪秋罗

- 别名 / 大花剪秋罗
- 科名 / 石竹科　●属名 / 剪秋罗属

● **花期** 1 2 3 4 5 6 7 8 9 10 11 12 <月份>

Lychnis fulgens

分布 产于东北、河北、山西、内蒙古、云南、四川，生于低山疏林下、灌丛或草甸阴湿处。

繁殖方式 播种、分株，以分株繁殖为主。

▶ **形态特征**

多年生直立草本植物，全株被柔毛。

叶子 叶片卵状长圆形或卵状披针形，两面和边缘均被粗毛。

花朵 二歧聚伞花序具数花，紧缩呈伞房状；花瓣深红色，瓣片轮廓为倒卵形，雄蕊微外露，花丝无毛。

果实 蒴果长椭圆状卵形；种子肾形。

应用

园林中多用于花坛、花境配置，是岩石园中优良的植物材料；也适宜盆栽及切花用。

红掌

- 别名 / 花烛、安祖花
- 科名 / 天南星科 • 属名 / 花烛属

● 花期 1 2 3 4 5 6 7 8 9 10 11 12 〈月份〉

Anthurium andraeanum

分布 原产哥斯达黎加、危地马拉、墨西哥等地，现栽培的均为园艺种。

繁殖方式 分株、扦插、播种、组培繁殖。

▶ **形态特征**

多年生常绿草本植物。

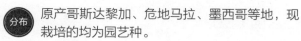 **叶子** 叶互生，叶片革质，全绿色，有光泽，阔心形、长方心形或卵圆心形，先端钝或渐尖，基部深心形。

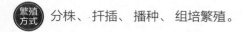 **花朵** 肉穗花序，有细长花序梗，佛焰苞深红色或桔红色，间有其他彩色，心形，先端有细长尖尾，基部心形，平展，肉穗花序淡黄色，直立，圆柱状。

097

白掌

- 别名 / 白鹤芋、苞叶芋
- 科名 / 天南星科　● 属名 / 苞叶芋属

Spathiphyllum kochii

分布 原产美洲热带地区，我国各地均有栽培。

繁殖方式 分株、播种、组培繁殖。

▶ **形态特征**

多年生常绿草本植物，株高40～60厘米。

叶子 叶长圆形或近披针形，有长尖，基部圆形，叶色浓绿。

花朵 佛焰苞直立向上，稍卷，白色或微绿色。肉穗花序圆柱状，乳黄色。

应用

白掌花茎挺拔秀美，清新悦目，可以盆栽、丛植、列植，起绿化作用。花也是极好的花篮和插花的装饰材料。

金鱼草

- 别名 / 龙头花
- 科名 / 玄参科
- 属名 / 金鱼草属

● 花期　1 2 3 4 5 6 7 8 9 10 11 12　<月份>

Antirrhinum majus

（分布）原产地中海地区，世界各国广泛栽培。

（繁殖方式）播种繁殖。

▶ 形态特征

多年生直立草本植物，株高20~150厘米。

叶子 下部叶片对生，卵形，上部互生，叶片长圆状披针形，全缘。

花朵 总状花序顶生，花冠二唇瓣，基部膨大，有火红、金黄、艳粉、纯白和复色等色。

应用

金鱼草夏秋开花，在中国园林广为栽种，适合群植于花坛、花境，亦可作切花之用。

香彩雀

- 别名 / 天使花
- 科名 / 玄参科　● 属名 / 香彩雀属

Angelonia salicariifolia

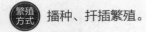 原产美洲，我国广泛栽培。

 播种、扦插繁殖。

▶ 形态特征

多年生宿根亚灌木，株高30~70厘米。

🌿 叶子 叶对生，线状披针形，边缘具刺状疏锯齿。

🌸 花朵 花腋生，花冠唇形，花色有白、红、紫或杂色。全年可开花，以春夏尤盛。

应用

香彩雀常种于花坛、花台，因其耐湿，也可当作水生植物栽培。

荷包牡丹

- 别名 / 铃儿草、兔儿牡丹、鱼儿牡丹
- 科名 / 罂粟科　属名 / 荷包牡丹属

● 花期 | 1 2 3 4 5 6 7 8 9 10 11 12 | <月份>

Lamprocapnos spectabilis

 分布 原产我国北部，生于海拔780~2800米的湿润草地和山坡。日本、朝鲜、俄罗斯均有分布。

 繁殖方式 分株、播种、扦插繁殖。

▶ 形态特征

多年生草本植物。茎圆柱形，带紫红色。

 叶片轮廓三角形，二回三出全裂。

❀ **花朵** 总状花序，于花序轴的一侧下垂；苞片钻形或线状长圆形，花优美，基部心形；萼片披针形，玫瑰色，于花开前脱落；外花瓣紫红色至粉红色，稀白色，花瓣片略呈匙形，雄蕊束弧曲上升。

应用

荷包牡丹花似荷包，叶似牡丹，在园林中可布置在疏荫的花境及花坛内。适宜盆栽观赏或剪取切花。除观赏外，亦用为镇痛药。

巴西鸢尾

● 别名 / 美丽鸢尾、剪刀兰
● 科名 / 鸢尾科　● 属名 / 巴西鸢尾属

● **花期**　1 2 3 **4** 5 6 **7** 8 9 10 11 12　<月份>

Neomarica gracilis

 分布　原产巴西，我国南方引种栽培。

 繁殖方式　分株、播种繁殖。

▶ 形态特征

多年生草本植物，株高30～40厘米。

叶子　叶片两列，带状剑形，自短茎处抽生。

花朵　花茎高于叶片，花被片6，外3片白色，基部褐色，还带浅黄色斑纹，内3片前端蓝紫色，带白色条纹，基部褐色，还带黄色斑纹。花期春至夏，每朵花只开一天。

 应用

巴西鸢尾叶子浓绿光亮、具线条感，花淡香怡人，常用于花境、花带。

射干

- 别名 / 交剪草、野萱花
- 科名 / 鸢尾科 ● 属名 / 射干属

● **花期** 1 2 3 4 5 6 7 8 9 10 11 12 ＜月份＞

Belamcanda chinensis

 分布 原产我国大部分省区，生于海拔2200米以下林缘或山坡草地。

 繁殖方式 分株法繁殖为主，也可播种法繁殖。

▶ 形态特征

多年生草本植物。

叶子 叶剑形，扁平互生，被白粉。

花朵 顶生伞房花序；花橙色至橘黄色，散生紫褐色的斑点。

果实 蒴果倒卵形或长椭圆形；种子圆球形，黑紫色。

应用

射干常用作基础栽植，或作花坛、花境的配植材料；也可用作切花。

103

蓝花丹

● 别名 / 蓝雪花、蓝茉莉
● 科名 / 白花丹科 ● 属名 / 白花丹属

● 花期 　1　2　3　4　5　6　7　8　9　10　11　12　<月份>

Plumbago auriculata

 分布 原产南非南部，我国华南、华东、西南和北京常有栽培。

繁殖方式 分株繁殖。

▶ 形态特征

常绿柔弱半灌木，上端蔓状或极开散。

 叶子 叶薄，通常菱状卵形至狭长卵形，有时椭圆形或长倒卵形，先端骤尖而有小短尖；上部叶的叶柄基部常有小形半圆至长圆形的耳。

花朵 穗状花序含18～30枚花；花冠淡蓝色至蓝白色，冠檐宽阔，裂片倒卵形，先端圆。

应用

蓝花丹叶色翠绿，花色淡雅，观赏期长，可盆栽点缀居室、阳台。也可用于林缘种植或点缀草坪。

百合

- 别名 / 番韭、山丹、倒仙
- 科名 / 百合科 ● 属名 / 百合属

● 花期
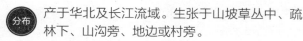
| 1 | 2 | 3 | 4 | 5 | 6 | 7 | 8 | 9 | 10 | 11 | 12 | 〈月份〉 |

Lilium brownii var. Viridulum

分布 产于华北及长江流域。生张于山坡草丛中、疏林下、山沟旁、地边或村旁。

繁殖方式 播种、分小鳞茎、鳞片扦插或分株芽繁殖。

▶ **形态特征**

多年生草本植物，鳞茎球形，鳞片披针形，无节，白色。

 叶子 叶片互生，通常自下向上渐小，倒披针形至倒卵形。

花朵 花喇叭形，有香气，乳白色，外面稍带紫色，无斑点，向外张开或先端外弯而不卷。

果实 蒴果呈长卵圆形，有钝棱，具多数种子。

应用

百合鲜花含芳香油，可作香料；花姿雅致，叶片青翠娟秀，茎杆亭亭玉立，是名贵的切花新秀；鳞茎含丰富淀粉，是一种名贵食品，亦作药用，有润肺止咳、清热、安神和利尿等功效。

卷丹

- 别名 / 虎皮百合、倒垂莲
- 科名 / 百合科 • 属名 / 百合属

● 花期 | 1 2 3 4 5 6 7 8 9 10 11 12 | <月份>

Lilium lancifolium

 分布 产于我国大部分省区。生长于海拔400～2500米山上灌木林下、草地、路边或水旁。

繁殖方式 分球、鳞片扦插或播种繁殖。

▶ 形态特征

多年生草本植物，鳞茎近宽球形，茎带紫色条纹，具白色绵毛。

 叶子 叶散生，矩圆状披针形或披针形，两面近无毛。

❀ **花朵** 花被片披针形，反卷，橙红色，有紫黑色斑点，故有"卷丹"美名；花丝淡红色。

应用

卷丹的鳞茎富含淀粉，供食用，亦可作药用；花含芳香油，可作香料。

风信子

- 别名 / 五色水仙
- 科名 / 风信子科　　· 属名 / 风信子属

● 花期　1 2 3 4 5 6 7 8 9 10 11 12　\<月份\>

Hyacinthus orientalis

 分布　原产欧洲南部，我国南北方均有栽培。

 繁殖方式　分球或播种繁殖。

▶ 形态特征

多年生球根类草本植物，鳞茎球形或扁球形。

叶子　叶基生，叶片肥厚，带状披针形。

花朵　花茎从叶丛中央抽出，略高于叶，总状花序，漏斗形，小花基部筒状，上部四裂、反卷。花有红、白、黄、蓝、紫等色，有重瓣品种，具芳香。

果实　蒴果球形。

应用

风信子植株低矮整齐，花序端庄，花色丰富，花姿美丽，适于布置花坛、花境和花槽，也可作切花、盆栽或水养观赏。鳞茎富含淀粉，供食用，亦可作药用；花含芳香油，可作香料。

郁金香

● 别名 / 洋荷花、草麝香、郁香、荷兰花
● 科名 / 百合科   ● 属名 / 郁金香属

● 花期 1 2 3 4 5 6 7 8 9 10 11 12 <月份>

Tulipa gesneriana

 分布 原产欧洲，我国引种栽培。

 繁殖方式 常用分球或播种繁殖。

▶ 形态特征

多年生草本植物，鳞茎皮纸质，内面顶端和基部有少数伏毛。

 叶子 叶3～5枚，条状披针形至卵状披针形。

花朵 花单朵顶生，大型而艳丽；花被片红色或杂有白色和黄色，有时为白色或黄色，无花柱，柱头增大呈鸡冠状。

应用

郁金香花卉刚劲挺拔，花朵端庄动人，是优良的切花品种，常用于花坛、花境，亦可入药。

仙客来

- 别名 / 兔耳花、一品冠
- 科名 / 报春花科　·属名 / 仙客来属

● **花期** 1 2 3 4 5 6 7 8 9 10 11 12　<月份>

Cyclamen persicum

分布 原产希腊、叙利亚、黎巴嫩等国，现已广为栽培。

繁殖方式 播种繁殖。

▶ 形态特征

多年生草本植物。块茎扁球形，具木栓质的表皮，棕褐色。

 叶子 叶和花葶同时自块茎顶部抽出；叶片心状卵圆形，先端稍锐尖，边缘有细圆齿，质地稍厚，上面深绿色，常有浅色的斑纹。

 花朵 花萼通常分裂达基部；花冠白色或玫瑰红色，喉部深紫色，裂片长圆状披针形，剧烈反折。

应用

仙客来常用于盆栽观赏，置于室内。

109

大岩桐

- 别名 / 六雪尼、落雪泥
- 科名 / 苦苣苔科 ● 属名 / 大岩桐属

● **花期** 1 2 3 4 5 6 7 8 9 10 11 12 ＜月份＞

Sinningia speciosa

 分布 原产巴西，现广泛栽培。

 繁殖方式 分球、扦插和播种繁殖。

▶ 形态特征

多年生草本植物，株高15～25厘米。

☑ 叶子 叶对生，质厚，长椭圆形，肥厚而大，边缘具钝锯齿。

❀ 花朵 花顶生或腋生，花冠钟状，花色有蓝、粉红、白、红、紫等，还有白边蓝花、白边红花等双色和重瓣花。

应用

大岩桐植株小巧玲珑，叶茂翠绿，花朵姹紫嫣红，园艺品种繁多，每年春秋两次开花，是节日点缀和装饰室内的理想花卉。

110

桔梗

● 别名 / 包袱花、铃铛花、僧帽花

● 科名 / 桔梗科　● 属名 / 桔梗属

● **花期**　1 2 3 4 5 6 7 8 9 10 11 12　<月份>

Platycodon grandiflorus

 分布　产于中国、朝鲜半岛、日本和西伯利亚东部。

 繁殖方式　播种繁殖。

▶ 形态特征

多年生草木植物，茎高20～120厘米，通常无毛，偶有密被短毛，不分枝，极少上部分枝。

叶子　叶全部轮生、部分轮生至全部互生，无柄或有极短的柄，叶片卵形，卵状椭圆形至披针形。

花朵　花暗蓝色或暗紫白色。

应用

桔梗可作观赏花卉；其根可入药，有止咳祛痰、宣肺、排脓等作用，为中医常用药。在中国东北地区常被腌制为咸菜，在朝鲜半岛被用来制作泡菜。

111

大丽花

- 别名 / 大理菊、天竺牡丹
- 科名 / 菊科 ● 属名 / 大丽花属

● 花期 1 2 3 4 5 6 7 8 9 10 11 12 <月份>

Dahlia pinnata

分布 原产墨西哥，全世界各地均有栽培，约有3000个栽培品种。

繁殖方式 分根、扦插、播种繁殖。

▶ 形态特征

多年生直立草本植物，有巨大棒状块根。

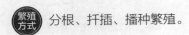 **叶子** 叶1~3回羽状全裂，两面无毛。

花朵 头状花序较大，舌状花白色、红色或紫色，常为卵形；管状花黄色，有时全部为舌状花。

果实 瘦果长圆形，黑色，扁平。

应用

大丽花适于花坛、花径丛栽，另有矮生品种适于盆栽。根内含菊糖，在医药上与葡萄糖有同样的功效。

欧洲银莲花

• 别名 / 冠状银莲花、复活节花
• 科名 / 毛茛科　• 属名 / 银莲花属

● 花期　1 2 3 4 5 6 7 8 9 10 11 12　<月份>

Anemone coronaria

 分布 原产欧洲，现园艺品种较多，世界各地都有栽培。

 繁殖方式 常用块根或播种繁殖。

▶ 形态特征

多年生草本花卉，株高25～40厘米。

🌿 **叶子** 叶基生，少数至多数，有时不存在，或为单叶，有长柄，掌状分裂，或为三出复叶，叶脉掌状。

❀ **花朵** 花单生于茎顶，有大红、紫红、粉、蓝、橙、白及复色。

应用

欧洲银莲花花朵硕大，色彩艳丽丰富，另有重瓣和半重瓣品种，花形如同罂粟花，适宜于花坛、花径布置，也可供盆栽与切花。

113

花毛莨

- 别名 / 洋牡丹、波斯毛莨、陆莲花
- 科名 / 毛莨科　● 属名 / 毛莨属

● 花期　1 2 3 4 5 6 7 8 9 10 11 12 〈月份〉

Ranunculus asiaticus

分布 原产亚洲西南部、欧洲东南部、非洲东北部，现世界各地广为种植。

繁殖方式 分株、播种及组织培养。

▶ 形态特征

多年生宿根草本植物，株高20~40厘米。

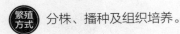 **叶子** 根出叶浅裂或深裂，裂片倒卵形，缘齿牙状，茎生叶无柄，2~3回羽状深裂，叶缘齿状。

❀ 花朵 花单生或数朵顶生，花色有白、红、黄、粉及紫等色，有重瓣和半重瓣。

应用

花毛莨株形低矮，花形优美而独特，花瓣紧凑、多瓣重叠，花色丰富，是春季盆栽观赏、布置露地花坛及花境、点缀草坪和用于鲜切花生产的理想花卉。

114

球根海棠

● 别名 / 球根秋海棠
● 科名 / 秋海棠科　● 属名 / 秋海棠属

● **花期**　1　2　3　4　5　6　7　8　9　10　11　12　<月份>

Begonia × tuberhybrida

分布　园艺杂种，现世界各地都有栽培。

繁殖方式　播种繁殖、块茎繁殖、扦插繁殖。

▶ 形态特征

多年生草本花卉。茎肉质，有毛、直立。

 叶子　叶互生，倒心脏形，叶尖尖锐，叶缘具齿牙和缘毛。

 花朵　总花梗腋生，花单性同株，雄花大而美丽，雌花小型，有单瓣、半重瓣和重瓣之分。

果实　蒴果，种子极小。

应用

球根海棠花大而多，色彩艳丽，姿态优美；兼有茶花、牡丹、月季等名花的姿、色、香，为秋海棠之冠，适于盆栽观赏。

石蒜

- 别名 / 龙爪花、鬼蒜、蟑螂花
- 科名 / 石蒜科 ● 属名 / 石蒜属

● **花期** | 1 | 2 | 3 | 4 | 5 | 6 | 7 | 8 | 9 | 10 | 11 | 12 | <月份>

Lycoris radiata

 分布 分布于山东、河南、安徽、江苏等省份。野生于阴湿山坡和溪沟边的石缝处。

繁殖方式 分球繁殖。

▶ 形态特征

多年生草本植物，鳞茎近球形。

☑ **叶子** 秋季出叶，叶为狭带状，顶端钝，深绿色，中间有粉绿色带。

❀ **花朵** 伞形花序有花4～7朵；花鲜红色；花被裂片狭倒披针形，强度皱缩和反卷，花被筒绿色；雄蕊显著伸出于花被外。

应用

园林中常用作背阴处绿化或林下地被花卉，花境丛植或山石间自然式栽植。也可作花坛或花境材料，亦是美丽的切花材料。

116

百子莲

- 别名 / 百子兰、非洲百合
- 科名 / 石蒜科　●属名 / 百子莲属

● **花期**　1　2　3　4　5　6　7　8　9　10　11　12　　<月份>

Agapanthus africanus

分布 原产南非，中国各地多有栽培。

繁殖方式 分株和播种繁殖。

▶ 形态特征

多年生草本植物，株高50～70厘米。

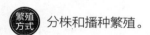 **叶子** 叶二列基生，舌状带形，光滑，浓绿色。

花朵 花葶自叶丛中抽出，伞形花序顶生，小花钟状漏斗形，蓝色。

应用

百子莲叶色浓绿，光亮，花蓝紫色，也有白花、紫花、大花和斑叶等品种，花形秀丽，适于盆栽作室内观赏。在南方置半阴处栽培，作岩石园和花径的点缀植物。

117

韭莲

- 别名 / 红玉帘、风雨花、风雨兰、韭兰
- 科名 / 石蒜科 • 属名 / 葱莲属

● 花期 1 2 3 4 5 6 7 8 9 10 11 12 <月份>

Zephyranthes grandiflora

分布 原产南美洲，我国引种栽培。

繁殖方式 播种、分株繁殖。

▶ 形态特征

多年生草本植物。鳞茎卵球形。

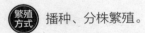 **叶子** 基生叶常数枚簇生，线形，扁平。

花朵 花单生于花茎顶端，下有佛焰苞状总苞，总苞片常带淡紫红色；花玫瑰红色或粉红色；花被裂片6，裂片倒卵形，顶端略尖，雄蕊6，花柱细长。

果实 蒴果近球形；种子黑色。

应用

韭莲花甚鲜艳，园林中适宜在花坛、花境和草地边缘点缀，或被地片栽，也可盆栽供室内观赏。

118

君子兰

●别名 / 剑叶石蒜、大叶石蒜
●科名 / 石蒜科　●属名 / 君子兰属

● 花期　1 2 3 4 5 6 7 8 9 10 11 12　<月份>

Clivia miniata

 分布　原产非洲南部，我国引种盆栽观赏。

 繁殖方式　播种、分株繁殖。

▶ 形态特征

多年生草本植物。茎基部宿存的叶基呈假鳞茎状。

 叶子　基生叶质厚，带状，下部渐狭。

✿ 花朵　伞形花序有花10～20朵，有时更多；花直立向上，花被宽漏斗形，鲜红色，内面略带黄色；花柱长，稍伸出于花被外。

🍒 果实　浆果紫红色，宽卵形。

应用

君子兰具有很高的观赏价值，常在温室盆栽供观赏。君子兰是长春市的市花。

119

文殊兰

- 别名 / 文珠兰、十八学士
- 科名 / 石蒜科 • 属名 / 文殊兰属

● 花期 1 2 3 4 5 6 7 8 9 10 11 12 <月份>

Crinum asiaticum

分布 分布于福建、台湾、广东、广西等省区。常生于海滨地区或河旁沙地；现栽培供观赏。

繁殖方式 分株、播种繁殖。

▶ 形态特征

多年生粗壮草本植物。鳞茎长柱形。

 叶子 叶带状披针形，顶端渐尖，边缘波状，呈暗绿色。

花朵 花茎直立，几乎与叶等长，伞形花序有花10～24朵，佛焰苞状总苞片披针形，小苞片狭线形，花高脚碟状，芳香；雄蕊淡红色。

果实 蒴果近球形，通常种子1枚。

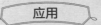
应用

文殊兰花叶并美，具有较高的观赏价值，可点缀草坪，可作庭院装饰花卉，还可作房舍周边的绿篱和盆栽；叶与鳞茎亦可入药。

大花葱

● 别名 / 硕葱、高葱
● 科名 / 百合科　● 属名 / 葱属

● 花期　1　2　3　4　5　6　7　8　9　10　11　12　<月份>

Allium giganteum

 分布 原产亚洲中部，我国中北部引种栽培。

 繁殖方式 播种、分株繁殖。

▶ 形态特征

多年生球根花卉，株高30～60厘米，地下具鳞茎。

🌱 叶子 叶宽线形至披针形，绿色。

❀ 花朵 伞房花序，球状。花为紫色。

应用

大花葱叶片灰绿，花茎健壮挺拔，花色鲜艳，球形花丰满别致，适合花坛丛植或花境、花径栽植，也可用于切花材料。

121

晚香玉

- 别名 / 月下香
- 科名 / 石蒜科　●属名 / 晚香玉属

Polianthes tuberosa

 分布 原产墨西哥，我国引种栽培。

繁殖方式 分球繁殖。

▶ 形态特征

多年生草本植物，高可达1米。具块状的根状茎。

叶子 基生叶簇生，线形，顶端尖，在花茎上的叶散生，向上渐小呈苞片状。

花朵 穗状花序顶生，花乳白色，浓香，雄蕊6，着生于花被管中，内藏。

果实 蒴果卵球形，顶端有宿存花被；种子多数，稍扁。

应用

花可提取芳香油，供制香料。翠叶素茎，碧玉秀荣，含香体洁，花茎长，花期长，是切花的重要材料，还是布置花坛的优美花卉。

水仙

● 别名 / 凌波仙子、金盏银台
● 科名 / 石蒜科 ● 属名 / 水仙属

● 花期　1 2 3 4 5 6 7 8 9 10 11 12　<月份>

Narcissus tazetta

 分布 我国浙江、福建沿海岛屿自生，但目前各省区所见者全系栽培，供观赏。

 繁殖方式 侧球繁殖、侧芽繁殖、双鳞片繁殖、组织培养。

▶ 形态特征

多年生草本植物。鳞茎卵球形。

 叶子 叶宽线形，全缘。

花朵 伞形花序有花4～8朵；佛焰苞状总苞膜质；花被裂片6，卵圆形至阔椭圆形，顶端具短尖头，扩展，白色，芳香；花柱细长，柱头3裂。

果实 蒴果室背开裂。

应用

水仙是中国十大名花之一，常作盆栽装点室内；花可提炼调制香精、香料；鳞茎多液汁，有毒，切忌误食。

123

朱顶红

- 别名 / 华胄兰、朱顶兰、孤挺花、红花莲
- 科名 / 石蒜科　●属名 / 朱顶红属

● **花期**　1 2 3 4 5 6 7 8 9 10 11 12　<月份>

Hippeastrum rutilum

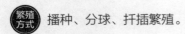 原产巴西。我国引种栽培供观赏。

繁殖方式　播种、分球、扦插繁殖。

▶ 形态特征

多年生草本植物。鳞茎近球形，并有匍匐枝。

 叶6~8枚，花后抽出，鲜绿色，带形。

花朵　花茎中空，稍扁，具有白粉；花2~4朵；佛焰苞状总苞片披针形，花被管绿色，圆筒状，花被裂片长圆形，顶端尖，红色，略带绿色；雄蕊6，花丝红色，花药线状长圆形。

应用

朱顶红适于盆栽装点居室、客厅、过道和走廊；也可于庭院栽培，或配植花坛；也可作为鲜切花使用。

番红花

- 别名 / 藏红花、西红花
- 科名 / 鸢尾科 ● 属名 / 番红花属

● **花期** `1` `2` `3` `4` `5` `6` `7` `8` `9` `10` `11` `12` <月份>

Crocus sativus

分布 原产欧洲南部，我国各地常见栽培。

繁殖方式 分球、播种繁殖。

▶ **形态特征**

多年生草本植物。球茎扁圆球形。

🍃 **叶子** 叶基生，9～15枚，条形，灰绿色，边缘反卷；叶丛基部包有4～5片膜质的鞘状叶。

🌸 **花朵** 花茎甚短，不伸出地面；花1～2朵，淡蓝色、红紫色或白色，有香味，雄蕊直立，花药黄色，顶端尖，略弯曲。

🍒 **果实** 蒴果椭圆形。

应用

番红花株矮、叶细、花大，是秋末园林布置的良好材料，可栽种于花坛、花径、花境，也可点缀草坪、岩石园，或盆栽观赏。番红花还是著名的珍贵药材和香料。

125

唐菖蒲

- 别名 / 菖兰、剑兰、扁竹莲、十样锦
- 科名 / 鸢尾科 ●属名 / 唐菖蒲属

● 花期　1 2 3 4 5 6 7 8 9 10 11 12 ＜月份＞

Gladiolus gandavensis

分布 园艺杂交种，世界各地广为栽培。

繁殖方式 分球繁殖。

▶ 形态特征

多年生球根花卉，茎粗壮直立。

 **叶子** 叶剑形，基生，呈抱合状2列，灰绿色。

花朵 穗状花序着生花茎一侧，着花8～24朵，花大，自下而上开放，花冠呈不规则漏斗形。

果实 蒴果椭圆形或倒卵形，种子扁而有翅。

应用

唐菖蒲为重要的鲜切花，可作花篮、花束、瓶插等装饰材料，也可布置花境及专类花坛。矮生品种可盆栽观赏。

香雪兰

●别名 / 小菖兰、小苍兰
●科名 / 鸢尾科　●属名 / 香雪兰属

Freesia refracta

分布 原产非洲南部，我国各地均有栽培。

繁殖方式 播种、分球繁殖。

▶ 形态特征

多年生草本植物。球茎狭卵形或卵圆形。

叶子 叶剑形或条形，略弯曲，黄绿色，中脉明显。

花朵 花直立，淡黄色或黄绿色，有香味，直径2~3厘米；花被管喇叭形，基部变细，花被裂片6，2轮排列，外轮花被裂片卵圆形或椭圆形。

果实 蒴果近卵圆形，室背开裂。

应用

香雪兰姿态清秀，花色鲜艳，芳香馥郁，是重要的盆花和切花材料。在温暖地区可用于花坛、花境或自然式片植。花还可用来提取香精。

马蔺

- 别名 / 兰花草、马莲、马兰花
- 科名 / 鸢尾科 ● 属名 / 鸢尾属

● 花期 | 1 | 2 | 3 | 4 | 5 | 6 | 7 | 8 | 9 | 10 | 11 | 12 | <月份>

Iris lactea

 分布 原产我国大部分省区，生于荒地、路旁、山坡草地。朝鲜、俄罗斯及印度也有。

繁殖方式 种子繁殖、分株繁殖。

▶ 形态特征

多年生草本植物，具短而粗的根状茎。

叶子 植株高约40厘米，基部具纤维状老叶鞘，须根棕褐色，长而坚硬，叶基生，坚韧，条形，灰绿色，渐尖，具两面实起的平行脉。

花朵 花常单生，蓝紫色。

果实 蒴果长椭圆状柱形；种子，棕褐色，略有光泽。

应用

马蔺耐盐碱，生命力顽强，极其耐粗放管理，非常适合我国北方和西部的城乡绿化以及水土保持，在绿地、道路两侧及绿化隔离带应用也较多。

芦苇

● 别名 / 苇、芦、蒹葭
● 科名 / 禾本科 ● 属名 / 芦苇属

● 花期　1 2 3 4 5 6 7 8 9 10 11 12 ＜月份＞

Phragmites australis

分布 产全国各地。生于江河湖泽、池塘沟渠沿岸和低湿地。

繁殖方式 根状茎繁殖为主，也可种子繁殖。

▶ **形态特征**

多年水生或湿生植物，根状茎十分发达。秆直立，节下被腊粉。

 **叶子** 叶片披针状线形，无毛，顶端长渐尖成丝形。

 花朵 圆锥花序大型，分枝多数，着生稠密下垂的小穗；小穗含4花；。

应用

芦苇花序雄伟美观，用作湖边、河岸低湿处的观赏植物，有利固堤、护坡、控制杂草之作用。秆为造纸原料或作编席、织帘及建棚材料，根状茎供药用。

芦竹

- 别名 / 荻芦竹
- 科名 / 禾本科　●属名 / 芦竹属

● **花期** 1 2 3 4 5 6 7 8 9 10 11 12 ＜月份＞

Arundo donax

分布 产于华南、西南、华东及湖南、江西。生长于河岸道旁、砂质壤土上。

繁殖方式 播种、分株、扦插繁殖，一般用分株法。

▶ 形态特征

多年生草本植物，具发达根状茎。秆粗大直立，坚韧。

🌿 **叶子** 叶鞘长于节间，无毛或颈部具长柔毛；叶舌截平，先端具短纤毛；叶片扁平，上面与边缘微粗糙，基部白色，抱茎。

❀ **花朵** 圆锥花序极大型，分枝稠密，斜升；小穗含2～4小花。

🍒 **果实** 颖果细小黑色。

荇菜

- 别名 / 莲叶荇菜
- 科名 / 龙胆科 ● 属名 / 荇菜属

● 花期　1 2 3 4 5 6 7 8 9 10 11 12　<月份>

Nymphoides peltatum

 分布　在全国绝大多数省区均有分布。生长于池塘或不甚流动的河溪中，海拔60~1800米。

 繁殖方式　分株、扦插或播种法。

▶ 形态特征

多年生水生草本植物。茎圆柱形，多分枝。

叶子　上部叶对生，下部叶互生，叶片飘浮于水面，近革质，圆形或卵圆形，基部心形，全缘，有不明显的掌状叶脉。

花朵　花常多数，簇生节上，5数；花萼分裂近基部，花冠金黄色。

果实　蒴果无柄，椭圆形；种子大，褐色。

应用

荇菜叶片小巧别致，鲜黄色花朵挺出水面，花多花期长，是庭院点缀水景的佳品，用于绿化美化水面。全草均可入药。

131

金银莲花

● 别名 / 白花荇菜、印度荇菜
● 科名 / 睡菜科　● 属名 / 荇菜属

● 花期　1　2　3　4　5　6　7　8　9　10　11　12　<月份>

Nymphoides indica

 分布 产自东北、华东、华南以及河北、云南。生于海拔50～1530米的池塘或静水中。

繁殖方式 分株和扦插法。

▶ 形态特征

多年生水生草本植物。茎圆柱形，不分枝。

叶子 单叶飘浮于水面，近革质，宽卵圆形或近圆形，基部心形，全缘，具不甚明显的掌状叶脉。

花朵 花多数，簇生节上，5数；花萼分裂至近基部，花冠白色，基部黄色，分裂至近基部。

果实 蒴果椭圆形，不开裂；种子鼓胀，褐色，近球形。

 应用

金银莲花成片种植在风景区或公园湖面，夏秋时节，那白色的小花，银光闪闪，极目远眺，秀色可餐。

千屈菜

- 别名 / 水枝柳、对叶莲、水柳
- 科名 / 千屈菜科　属名 / 千屈菜属

● **花期** | 1 | 2 | 3 | 4 | 5 | 6 | 7 | 8 | 9 | 10 | 11 | 12 |　<月份>

Lythrum salicaria

 分布 全国各地均有栽培；生长于河岸、湖畔、溪沟边和潮湿草地。

 繁殖方式 分株、播种或扦插繁殖。

▶ 形态特征

多年生草本植物，根茎横卧于地下，粗壮。

叶子 叶对生或三叶轮生，披针形或阔披针形。

花朵 花组成小聚伞花序，簇生，苞片阔披针形至三角状卵形，花瓣6，红紫色或淡紫色，倒披针状长椭圆形。

果实 蒴果扁圆形。

应用

株丛整齐，耸立而清秀，花朵繁茂，常栽培于水边或作盆栽，也可作花境材料及切花。全草可入药。

133

三白草

● 别名 / 塘边藕
● 科名 / 三白草科　● 属名 / 三白草属

● 花期　1 2 3 4 5 6 7 8 9 10 11 12　<月份>

Saururus chinensis

 分布　产于河北、山东、河南和长江流域及其以南各省区。生长于低湿沟边、塘边或溪旁。

繁殖方式　种子繁殖。

▶ 形态特征

湿生草本植物；茎粗壮，有纵长粗棱和沟槽。

叶子　叶纸质，密生腺点，阔卵形至卵状披针形，茎顶端的2～3片于花期常为白色，呈花瓣状；网状脉明显。

花朵　花序白色，苞片近匙形。

果实　果近球形。

 应用

三白草用于沼泽园林绿化，在水边条状配置或湿地成片作地被种植均有良好的景观效果。全株都可药用。

荷花

- 别名 / 莲、芙蕖、水芙蓉
- 科名 / 睡莲科 ● 属名 / 莲属

● **花期** 1 2 3 4 5 6 7 8 9 10 11 12 ＜月份＞

Nelumbo nucifera

 分布 产于我国南北各省。自生或栽培在池塘或水田内。

 繁殖方式 播种、分株繁殖。

▶ **形态特征**

多年生水生草本植物；根状茎横生，肥厚，节间膨大。

 叶子 叶圆形，盾状，全缘稍呈波状，上面光滑，下面叶脉从中央射出；叶柄中空，外面散生小刺。

花朵 花美丽，芳香；花瓣红色、粉红色或白色，矩圆状椭圆形至倒卵形。

果实 种子（莲子）卵形或椭圆形。

应用

荷花根状茎、种子供食用，叶、花、果均可药用。可作水景点缀、盆栽盆景、切花。

135

睡莲

● 别名 / 子午莲、水芹花
● 科名 / 睡莲科 ● 属名 / 睡莲属

● 花期   1 2 3 4 5 6 7 8 9 10 11 12 <月份>

Nymphaea tetragona

 分布 在我国广泛分布，生在池沼中。俄罗斯、朝鲜、日本、印度、越南、美国均有。

繁殖方式 分株、播种繁殖。

▶ **形态特征**

多年水生草本植物；根状茎短粗。

叶子 叶纸质，心状卵形或卵状椭圆形，基部具深弯缺，上面光亮，下面带红色或紫色。

花朵 花萼基部四棱形，萼片革质，宽披针形或窄卵形，宿存；花瓣白色，宽披针形、长圆形或倒卵形。

果实 浆果球形；种子椭圆形或球形，黑色。

应用

睡莲是布置园林水景的重要花卉。在公园、风景区常用来点缀湖塘水面，景色秀丽，观赏效果极佳。还可食用、制茶、切花、药用等。

136

王莲

● 别名 / 水玉米
● 科名 / 睡莲科 ● 属名 / 王莲属

● 花期 | 1 2 3 4 5 6 7 8 9 10 11 12 | <月份>

Victoria amazonica

 分布 原产南美洲热带地区，我国南方引种栽培。

 繁殖方式 分株、种子繁殖。

▶ **形态特征**

多年生或一年生大型浮叶草本植物。

叶子 浮水叶椭圆形至圆形，叶缘上翘呈盘状，叶面绿色略带微红，有皱褶，背面紫红色，具刺。

花朵 花单生，常伸出水面开放，初开白色，后变为淡红色至深红色，有香气。

果实 浆果呈球形；种子黑色。

应用

王莲以巨大的盘叶和美丽浓香的花朵而著称，既能点缀湖塘水面，又能净化水体。在大型水体多株形成群体，气势恢弘。

137

萍蓬草

● 别名 / 黄金莲、萍蓬莲
● 科名 / 睡莲科 ● 属名 / 萍蓬草属

● 花期 1 2 3 4 5 6 7 8 9 10 11 12 <月份>

Nuphar pumilum

 分布 产于黑龙江、吉林、河北、江苏、浙江、江西、福建、广东。生长在湖沼中。

繁殖方式 播种、分株繁殖。

▶ 形态特征

多年水生草本植物。

🌿 **叶子** 叶纸质，宽卵形或卵形，心形，裂片远离，圆钝，上面光亮，无毛，下面密生柔毛，侧脉羽状。

✿ **花朵** 花直径3～4厘米；花瓣窄楔形，先端微凹；柱头盘常10浅裂，淡黄色或带红色。

🍒 **果实** 浆果卵形；种子褐色。

应用

萍蓬草主要用于庭院绿化，通常多与睡莲、荷花、水柳配植，也可用作鱼缸水草。其根茎、果实供药用，有滋补强身、调经之功效。

138

芡实

● 别名 / 鸡头米、鸡头莲、刺莲藕、假莲藕
● 科名 / 睡莲科 ● 属名 / 芡属

Euryale ferox

 分布 产自我国南北各省，黑龙江至云南、广东均有分布。生长在池塘、湖沼中。

繁殖方式 播种繁殖。

▶ 形态特征

一年生大型水生草本。

叶子 沉水叶箭形或椭圆肾形，浮水叶革质，椭圆肾形至圆形，盾状，两面在叶脉分枝处有锐刺。

花朵 花萼片披针形；花瓣矩圆披针形或披针形，紫红色，成数轮排列，向内渐变成雄蕊。

果实 浆果球形，外面密生硬刺；种子球形，黑色。

应用

叶大肥厚，浓绿有皱褶，花色明丽，形状奇特，与荷花、睡莲等水生花卉植物搭配种植、摆放，形成独具一格的观赏效果。种子含淀粉，供食用和药用。全草可作猪饲料，又可作绿肥。

水葱

- 别名 / 葱蒲、莞草、蒲苹、水丈葱
- 科名 / 莎草科　● 属名 / 水葱属

● **花期** 1 2 3 4 5 6 7 8 9 10 11 12 ＜月份＞

Schoenoplectus tabernaemontani

 分布 内蒙古、山西、陕西、甘肃、新疆、河北、江苏、贵州、四川、云南均有；生长在湖边或浅水塘中。

 繁殖方式 播种、分株繁殖。

▶ 形态特征

匍匐根状茎粗壮，具许多须根。

[叶子] 茎高大，圆柱状，基部具3～4个叶鞘。叶片线形。

[花朵] 小穗单生或2～3个簇生于辐射枝顶端，卵形或长圆形，具多数花；鳞片椭圆形或宽卵形。

[果实] 小坚果倒卵形或椭圆形。

应用

水葱株形奇趣，株丛挺立，富有特别的韵味，可于水边池旁布置，甚为美观。对污水中有机物、氨氮、磷酸盐及重金属有较高的除去率。

旱伞草

●别名 / 水竹、伞草、风车草
●科名 / 莎草科　●属名 / 莎草属

● **花期** 1 2 3 4 5 6 7 8 9 10 11 12 ＜月份＞

Cyperus alternifolius

 分布 我国南北各省均见栽培，作为观赏植物；分布于森林、草原地区的大湖、河流边缘的沼泽中。

 繁殖方式 扦插、播种、分株繁殖。

▶ 形态特征

根状茎短，粗大，须根坚硬。杆稍粗壮。

❀ 花朵 苞片20枚，聚伞花序，有多数辐射枝，小穗密集于第二次辐射枝上端，具6～26朵花；小穗轴不具翅；鳞片紧密以复瓦状排列，膜质，卵形，白色，具锈色斑点。

果实 小坚果椭圆形，近于三棱形，长为鳞片的1/3，褐色。

应用

旱伞草株丛繁密，叶形奇特，是室内良好的观叶植物。除盆栽观赏外，还是制作盆景的材料，也可水培或作插花材料。常配置于溪流岸边假山石的缝隙作点缀，别具天然景趣。

水烛

- 别名 / 蒲草、水蜡烛、狭叶香蒲
- 科名 / 香蒲科 ●属名 / 香蒲属

● **花期**   1 2 3 4 5 6 7 8 9 10 11 12   <月份>

Typha angustifolia

 分布 产自河南、陕西、甘肃、新疆、江苏、湖北、云南、台湾等省区，生长于湖泊、河流、池塘浅水处。

繁殖方式 分株繁殖。

▶ 形态特征

水生或沼生多年生草本植物。

✔ 叶子 叶片上部扁平，中部以下腹面微凹，背面向下逐渐隆起呈凸形；叶鞘抱茎。

✿ 花朵 雌雄花序，雄花序轴具褐色扁柔毛；雌花序粗大，孕性雌花柱头窄条形或披针形。

🍒 果实 小坚果长椭圆形，纵裂；种子深褐色。

应用

水烛植株修长而婆娑，花序奇异成趣，是观叶、观花序俱佳的水生植物，而且适应性强，养护十分简单粗放，可布置于河岸或浅水中。花粉即蒲黄入药；叶片用于编织、造纸等。

雨久花

● 别名 / 浮蔷、蓝花菜、蓝鸟花
● 科名 / 雨久花科　● 属名 / 雨久花属

● 花期　1 2 3 4 5 6 7 8 9 10 11 12　<月份>

Monochoria korsakowii

 分布　产于东北、华北、华中、华东和华南，生长于池塘、湖沼靠岸的浅水处和稻田中。

 繁殖方式　播种、分株繁殖。

▶ 形态特征

一年生直立水生草本植物；根状茎粗壮，具柔软须根。

叶子　基生叶宽卵状心形，基部心形，全缘，具多数弧状脉。茎生叶，叶柄渐短，基部增大成鞘，抱茎。

花朵　总状花序顶生，有时再聚成圆锥花序；花10余朵，花被片椭圆形，顶端圆钝，蓝色。

果实　蒴果长卵圆形；种子长圆形。

应用

雨久花在园林水景布置中常与其他水生观赏植物搭配使用，单独成片种植效果也好，供观赏。全草可作家畜、家禽饲料。

梭鱼草

- 别名 / 海寿花
- 科名 / 雨久花科 ● 属名 / 梭鱼草属

● **花期** 1 2 3 4 5 6 7 8 9 10 11 12 <月份>

Pontederia cordata

 分布 原产北美，我国中南部广泛栽培。

 繁殖方式 分株法和种子繁殖。

▶ 形态特征

多年生挺水草本植物，株高20~80厘米。

🌿 **叶子** 叶形多变。大部分为倒卵状披针形，长约10~20厘米，顶端急尖或渐尖，基部心形，全缘。

🌸 **花朵** 穗状花序顶生，每条穗上密密拥着几十至上百朵蓝紫色圆形小花，蓝紫色带黄斑点。

应用

梭鱼草叶色翠绿，花色迷人，可用于家庭盆栽、池栽，也可广泛用于园林美化。栽植于河道两侧、池塘四周、人工湿地。

凤眼蓝

- 别名／凤眼莲、水浮莲、水葫芦
- 科名／雨久花科　属名／凤眼蓝属

● **花期** | 1 | 2 | 3 | 4 | 5 | 6 | 7 | 8 | 9 | 10 | 11 | 12 | <月份>

Eichhornia crassipes

 分布 现广布于我国长江、黄河流域及华南各省。生于海拔200～1500米的水塘、沟渠及稻田中。

 繁殖方式 种子和根茎繁殖。

▶ 形态特征

浮水草本植物。须根发达，棕黑色。

🌱 **叶子** 叶在基部丛生，呈莲座状排列；叶片圆形、宽卵形或宽菱形。

❀ **花朵** 穗状花序，花被裂片6枚，花瓣状，紫蓝色，上方1枚裂片较大，三色即四周淡紫红色，中间蓝色，在蓝色的中央有1黄色圆斑。

🍒 **果实** 蒴果卵形。

应用

凤眼莲叶柄奇特，叶色绿而光亮，花开茂盛而俏丽，是园林水面绿化的良好材料。全草为家畜、家禽饲料；还可净化水中的重金属元素和放射性污染物。

145

黄菖蒲

● 别名 / 黄鸢尾
● 科名 / 鸢尾科　● 属名 / 鸢尾属

● **花期** 1 2 3 4 5 6 7 8 9 10 11 12　<月份>

Iris pseudacorus

 分布 我国各地常见栽培。喜生于河湖沿岸的湿地或沼泽地上。

繁殖方式 分株、播种、种球繁殖。

▶ 形态特征

多年生草本植物，植株基部围有少量老叶残留的纤维。根状茎粗壮。

 叶子 基生叶灰绿色，宽剑形。

花朵 花茎粗壮；花黄色；外花被裂片卵圆形或倒卵形，爪部狭楔形，中央下陷呈沟状，有黑褐色的条纹，内花被裂片较小，倒披针形，直立。

应用

黄菖蒲适应性强，叶丛、花朵特别茂密，是各地湿地水景中使用量较多的花卉。根茎可入药。

146

鸢尾

- 别名 / 屋顶鸢尾、蓝蝴蝶、紫蝴蝶
- 科名 / 鸢尾科　● 属名 / 鸢尾属

● **花期**　1 2 3 4 5 6 7 8 9 10 11 12　<月份>

Iris tectorum

 分布 产于湖北、湖南、江西、广西、陕西、甘肃、四川。生于向阳坡地、林缘及水边湿地。

 繁殖方式 分株、播种繁殖。

▶ **形态特征**

多年生草本植物，根状茎粗壮，二歧分枝。

🌿 **叶子** 叶基生，黄绿色，稍弯曲，中部略宽，宽剑形。

❀ **花朵** 花蓝紫色，花被管细长，上端膨大成喇叭形，外花被裂片圆形或宽卵形，内花被裂片椭圆形。

🍒 **果实** 蒴果长椭圆形或倒卵形，种子黑褐色，为梨形。

应用

鸢尾叶片碧绿青翠，花形大而奇，宛若翩翩彩蝶，是庭园中的重要花卉之一，也是优美的盆花、切花和花坛用花。花可制成香水。对氟化物敏感，可用来监测环境污染。

147

玉蝉花

- 别名 / 花菖蒲、紫花鸢尾、东北鸢尾
- 科名 / 鸢尾科   ● 属名 / 鸢尾属

● **花期**　1　2　3　4　5　**6**　**7**　8　9　10　11　12　<月份>

Iris ensata

 分布 产自黑龙江、吉林、辽宁、山东、浙江。生长于沼泽地或河岸的水湿地。

繁殖方式 分株、播种繁殖。

▶ **形态特征**

多年生草本植物，植株基部围有叶鞘残留的纤维。

🌿 **叶子** 叶条形，两面中脉明显。

❀ **花朵** 花深紫色，花被管漏斗形，外花被裂片倒卵形，爪部细长，中央下陷呈沟状，中脉上有黄色斑纹，内花被裂片小，直立，狭披针形或宽条形。

🍒 **果实** 蒴果长椭圆形；种子棕褐色，半圆形。

应用

花朵硕大，色彩鲜艳，园艺品种繁多，花色丰富，有纯白、姜黄、桃红、淡紫、深紫等，常用于花坛、花境布置，也是重要的切花材料。由于性喜水湿，适合布置水生鸢尾专类园或在池旁或湖畔点缀。

慈姑

- 别名 / 剪刀草、燕尾草
- 科名 / 泽泻科 ● 属名 / 慈姑属

● **花期** 1 2 3 4 5 6 7 8 9 10 11 12 <月份>

Sagittaria sagittifolia

 我国长江以南各省区广泛栽培。日本、朝鲜亦有栽培。

繁殖方式 扦插繁殖。

▶ **形态特征**

叶子 叶片箭形，宽大，叶基部左右两侧的裂片长度超过中央片。

花朵 圆锥花序高大，着生于下部，具1~2轮雌花，主轴雌花3~4轮，位于侧枝之上；雄花多轮，生于上部，组成大型圆锥花序，果期常斜卧水中。

果实 种子褐色，具小凸起。

应用

栽于湖畔溪边，用于浅水水体造景；也可进行盆栽，作为庭院装饰植物。水浅时也可作挺水植物状，群体景观效果好，白花盛开时尤胜。球茎可作蔬菜食用。

149

木本花卉
Woody flowers

Chapter

2

阳桃

- 别名 / 五敛子、洋桃、杨桃
- 科名 / 酢浆草科　●属名 / 阳桃属

● **花期** 　1 2 3 4 5 6 7 8 9 10 11 12 ＜月份＞

Averrhoa carambola

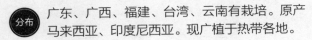 广东、广西、福建、台湾、云南有栽培。原产马来西亚、印度尼西亚。现广植于热带各地。

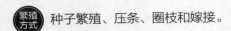 种子繁殖、压条、圈枝和嫁接。

▶ 形态特征

乔木，高可达12米，分枝甚多。

叶子 奇数羽状复叶，互生，小叶全缘，卵形或椭圆形，顶端渐尖。

花朵 花小，微香，数朵至多朵组成聚伞花序或圆锥花序，自叶腋出或着生于枝干上，花枝和花蕾深红色。

果实 浆果肉质，有5棱，横切面呈星芒状，淡绿色或蜡黄色，有时带暗红色。种子黑褐色。

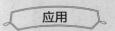

应用

阳桃果生津止渴，亦可入药。根、皮、叶可止痛止血。

152

刺桐

- 别名 / 海桐、木本象牙红
- 科名 / 豆科 ● 属名 / 刺桐属

● 花期   1 2 **3** 4 5 6 7 8 9 10 11 12 <月份>

Erythrina variegata

 分布 产自台湾、福建、广东、广西等省区。常见于树旁或近海溪边，或栽于公园。

繁殖方式 播种或扦插法繁殖。

▶ 形态特征

落叶乔木，高可达20米。干皮灰色，具圆锥形皮刺。

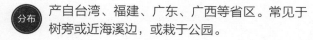

叶子 三出复叶互生，小叶菱形或菱状卵形。

花朵 总状花序，花萼佛焰苞状，暗红色，花碟形，鲜红色。

果实 荚果黑色，肥厚。

应用

刺桐花繁艳丽，适宜庭园栽植，或用作行道树，北方地区可盆栽观赏。

红花羊蹄甲

● 别名 / 红花紫荆
● 科名 / 豆科　● 属名 / 羊蹄甲属

● **花期** 　1 2 3 4 5 6 7 8 9 10 11 12　<月份>

Bauhinia × blakeana

 分布 世界各地广泛栽植。

 繁殖方式 扦插、嫁接繁殖，以扦插为主。

▶ **形态特征**

常绿乔木。

叶子 叶革质，近圆形或阔心形，先端2裂，裂片顶钝或狭圆，下面疏被短柔毛。

花朵 总状花序顶生或腋生，有时复合呈圆锥花序，被短柔毛；花大，美丽；花蕾纺锤形；花瓣红紫色，具短柄，倒披针形。

果实 通常不结果。

应用

红花羊蹄甲是华南地区许多城市的行道树，花大，紫红色，盛开时繁英满树，为重要的庭园树之一。

154

刺槐

别名 / 洋槐、刺儿槐

- 别名 / 洋槐、刺儿槐
- 科名 / 豆科　●属名 / 刺槐属

● 花期　1 2 3 4 5 6 7 8 9 10 11 12　<月份>

Robinia pseudoacacia

 分布 原产于美国东部，17世纪传入欧洲及非洲。我国于18世纪末从欧洲引入青岛栽培。

 繁殖方式 以播种繁殖为主。

▶ 形态特征

落叶乔木，高10~25米；树皮灰褐色至黑褐色。

 叶子 羽状复叶，小叶对生，椭圆形、长椭圆形或卵形，先端圆，微凹，具小尖头，全缘。

花朵 总状花序，花序腋生，长10~20厘米，下垂，花多数，芳香，花冠白色。

果实 荚果褐色，线状长圆形，扁平；种子褐色至黑褐色。

应用

刺槐适生范围广，可作为行道树、住宅区绿化树种、水土保持树种、荒山造林先锋树种和优良的蜜源植物。

凤凰木

- 别名 / 红花楹、火树、洋楹
- 科名 / 豆科 • 属名 / 凤凰木属

● **花期** 1 2 3 4 5 **6 7** 8 9 10 11 12 ‹月份›

Delonix regia

 分布 原产于马达加斯加，世界热带地区常栽种。我国云南、广西、广东、福建、台湾等省栽培。

 繁殖方式 播种繁殖。

▶ **形态特征**

高大落叶乔木。树皮粗糙，灰褐色。

叶子 二回偶数羽状复叶，羽片对生，中脉明显。

花朵 伞房状总状花序顶生或腋生；花大而美丽，鲜红至橙红色。

果实 荚果带形，扁平，暗红褐色，成熟时黑褐色；种子长圆形，坚硬。

应用

凤凰木树冠宽阔平展，枝叶茂密，开花时红花绿叶，对比强烈，相映成趣。可作行道树、庭荫树，若植于水畔，枝叶探向水边，与倒影相衬，更觉婀娜多姿。种子有毒，忌食。

合欢

● 别名 / 绒花树、马缨花
● 科名 / 豆科 ● 属名 / 合欢属

● 花期 1 2 3 4 5 6 7 8 9 10 11 12 《月份》

Albizia julibrissin

 分布　产于我国东北至华南及西南部各省区。生于山坡或栽培。

 繁殖方式　播种繁殖。

▶ 形态特征

落叶乔木，高可达16米，树冠开展。

🌿 叶子　二回羽状复叶，羽片线形至长圆形，中脉紧靠上边缘。

✿ 花朵　头状花序于枝顶排成圆锥花序，花粉红色；花萼、花冠外均被短柔毛。

🍒 果实　带状荚果。

应用

合欢树冠开阔，叶纤细如羽，花朵鲜红，是优美的庭荫树和行道树，植于房前屋后及草坪、林缘均相宜。对有毒气体抗性强，可作化工企业的绿化树种。

玉兰

● 别名 / 木兰、玉堂春
● 科名 / 木兰科　● 属名 / 木兰属

● 花期　1 2 3 4 5 6 7 8 9 10 11 12　〈月份〉

Magnolia denudata

 分布 产于江西、浙江、湖南、贵州，生长于海拔500~1000米的林中。

 繁殖方式 可用播种、扦插、压条及嫁接等法繁殖。

▶ 形态特征

落叶乔木，树皮深灰色，粗糙开裂。

叶子 叶纸质，倒卵形、宽倒卵形或倒卵状椭圆形。

花朵 花先叶开放，直立，芳香，白色，基部常带粉红色，近相似，长圆状倒卵形。

果实 聚合果圆柱形。种子心形，侧扁，外种皮红色，内种皮黑色。

应用

古时常在住宅的厅前院后配置，名为"玉兰堂"。现多在庭园路边、草坪角隅、亭台前后或漏窗内外、洞门两旁等处种植，孤植、对植、丛植或群植均可。

158

广玉兰

● 别名 / 洋玉兰、荷花玉兰
● 科名 / 木兰科 ● 属名 / 木兰属

● **花期** 1 2 3 4 5 6 7 8 9 10 11 12 <月份>

Magnolia grandiflora

分布 原产北美洲东南部。我国长江流域以南各城市有栽培。兰州及北京公园也有栽培。

繁殖方式 可用播种、扦插、压条及嫁接等法繁殖。

▶ 形态特征

常绿乔木。

 叶子 叶厚革质，椭圆形，长圆状椭圆形或倒卵状椭圆形，先端钝或短钝尖，基部楔形，叶面深绿色。

花朵 花白色，有芳香；花被片9~12，厚肉质，倒卵形。

 果实 聚合果圆柱状长圆形或卵圆形，种子近卵圆形或卵形。

应用

广玉兰花大，状如荷花，芳香，为美丽的庭园绿化观赏树种，适生于湿润肥沃土壤，对二氧化硫、氯气、氟化氢等有毒气体抗性较强；也耐烟尘。木材可供装饰材用。叶、幼枝和花可提取芳香油。

白兰

● 别名 / 白兰花
● 科名 / 木兰科 ● 属名 / 含笑属

● 花期 1 2 3 4 5 6 7 8 9 10 11 12 ‹月份›

Michelia alba

分布 我国福建、广东、广西、云南等省区栽培极盛，长江流域各省区多盆栽，在温室越冬。

繁殖方式 多用嫁接繁殖，也可用空中压条或靠接繁殖。

▶ 形态特征

常绿乔木，阔伞形树冠；揉枝叶有芳香。

叶子 叶薄革质，长椭圆形或披针状椭圆形。

花朵 花白色，极香；花被片10片，披针形。

果实 聚合果，蓇葖熟时鲜红色。夏季盛开，通常不结果实。

应用

白兰花洁白清香，夏秋间开放，花期长，叶色浓绿，为著名的庭园观赏树种，多栽为行道树。花可提取香精或熏茶。

鹅掌楸

- 别名 / 马褂木、双飘树
- 科名 / 木兰科 ● 属名 / 鹅掌楸属

● **花期** 1 2 3 4 5 6 7 8 9 10 11 12 <月份>

Liriodendron chinense

 分布 产于陕西、安徽、浙江、江西、福建、湖北、湖南、广西、四川、贵州、云南各地。

繁殖方式 播种与扦插繁殖，但以播种为主。

▶ 形态特征

落叶大乔木，胸径1米以上，小枝灰色或灰褐色。

叶子 叶马褂状，近基部每边具1侧裂片，先端具2浅裂，下面苍白色。

花朵 花杯状，花被片9片，外轮3片绿色，萼片状，向外弯垂，内两轮6片，直立，花瓣状、倒卵形、绿色，具黄色纵条纹。

果实 聚合果，具种子1~2颗。

 应用

鹅掌楸树姿高大，整齐，枝叶繁茂绿荫如盖，初夏开花满树，花大且香，可作行道树，或庭荫树。对有害气体的抗性强，是工矿区绿化的良好树种。

深山含笑

●别名／光叶白兰、莫夫人玉兰
●科名／木兰科　●属名／含笑属

● 花期　1 2 3 4 5 6 7 8 9 10 11 12　<月份>

Michelia maudiae

 分布　产于浙江南部、福建、湖南、广东、广西、贵州。生长于海拔600～1500米的密林中。

 繁殖方式　播种繁殖。

▶ 形态特征

常绿乔木。

叶子　叶革质，长圆状椭圆形，先端骤狭短渐尖，上面深绿色，有光泽，下面灰绿色，被白粉。

花朵　佛焰苞状苞片淡褐色，薄革质；花芳香，花被片9片，纯白色，基部稍呈淡红色。

果实　种子红色，斜卵圆形。

应用

木材纹理直，结构细，易加工，供家具、板料、绘图板、细木工用材。叶鲜绿，花纯白艳丽，为庭园观赏树种，可提取芳香油，亦可供药用。

木棉

● 别名 / 红棉、英雄树、攀枝花
● 科名 / 木棉科 ● 属名 / 木棉属

● 花期 　1　2　3　4　5　6　7　8　9　10　11　12　<月份>

Bombax malabaricum

 分布 产于云南、四川、贵州、广西、江西各地，生长于海拔1400米以下的干热河谷及稀树草原。

 繁殖方式 播种、扦插繁殖。

▶ 形态特征

落叶大乔木，树皮灰白色。

叶子 掌状复叶，小叶5～7片，长圆形至长圆状披针形，顶端渐尖，基部阔或渐狭，全缘，两面均无毛，有羽状侧脉。

花朵 花单生枝顶叶腋，通常红色，有时橙红色，萼杯状，花瓣肉质，倒卵状长圆形。

果实 蒴果长圆形；种子多数，倒卵形。

应用

木棉花可供蔬食，入药可清热祛湿。花大而美，树姿巍峨，可植为园庭观赏树、行道树。

163

美丽异木棉

● 别名 / 美人树
● 科名 / 木棉科　● 属名 / 吉贝属

● 花期 `1` `2` `3` `4` `5` `6` `7` `8` `9` `10` `11` `12` <月份>

Ceiba speciosa

 分布 热带地区多有栽培，在中国广东、福建、广西、海南、云南、四川等南方城市广泛栽培。

繁殖方式 播种繁殖。

▶ 形态特征

落叶大乔木，株高10～15米。树干下部膨大。

叶子 掌状复叶有小叶5～9片，小叶椭圆形。

花朵 花单生，花冠淡粉红色，中心白色。

果实 蒴果椭圆形；种子次年春季成熟。

应用

美丽异木棉是优良的观花乔木，也是庭院绿化和美化的高级树种，可用作高级行道树和园林造景。

164

大花紫薇

- 别名 / 大叶紫薇
- 科名 / 千屈菜科　属名 / 紫薇属

花期　1 2 3 4 5 6 7 8 9 10 11 12　<月份>

Lagerstroemia speciosa

 分布 原产于斯里兰卡、印度、马来西亚、越南及菲律宾，我国华东、华南及西南有栽培。

 繁殖方式 压条、播种和扦插繁殖。

▶ 形态特征

大乔木；树皮灰色，平滑。

叶子 叶革质，矩圆状椭圆形或卵状椭圆形，稀披针形，甚大。

花朵 花淡红色或紫色，顶生圆锥花序，花瓣6，近圆形至矩圆状倒卵形，有短爪。

果实 蒴果球形至倒卵状矩圆形，种子多数。

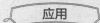

应用

花大，美丽，常栽培庭园供观赏，也可用于街道绿化和盆栽观赏。木材坚硬，耐腐力强，色红而亮，经济价值较高；树皮及叶可作泻药；种子具有麻醉性；根含单宁，可作收敛剂。

碧桃

● 别名 / 千叶桃花
● 科名 / 蔷薇科　● 属名 / 桃属

● 花期　| 1 | 2 | 3 | 4 | 5 | 6 | 7 | 8 | 9 | 10 | 11 | 12 | <月份>

Amygdalus persica

 （分布） 原产我国，各省区广泛栽培。

 （繁殖方式） 嫁接繁殖。

▶ 形态特征

乔木；树皮暗红褐色，老时粗糙呈鳞片状。

叶子 叶片长圆披针形、椭圆披针形或倒卵状披针形。

花朵 花单生，先于叶开放；萼筒钟形，绿色而具红色斑点；花瓣长圆状椭圆形至宽倒卵形，粉红色。

果实 果实形状和大小均有变异，果肉多汁有香味。

应用

花大色艳，开花时美丽，园林绿化上可列植、片植、孤植，也用于盆栽观赏，还常用于制作切花和盆景。碧桃树干上分泌的桃胶可食用，也供药用。

山樱花

● 别名 / 野生福岛樱、青肤樱、福建山樱花
● 科名 / 蔷薇科 ● 属名 / 樱属

● **花期** 1 2 3 4 5 6 7 8 9 10 11 12 〈月份〉

Cerasus serrulata

分布 产于黑龙江、河北、山东、江苏、浙江、安徽、江西、湖南、贵州。生长于山谷林中或栽培。

繁殖方式 播种、扦插、压条、嫁接繁殖。

▶ **形态特征**

乔木，树皮灰褐色或灰黑色。小枝灰白色或淡褐色，无毛。

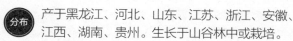 **叶子** 叶片卵状椭圆形或倒卵椭圆形。

 **花朵** 花序伞房总状或近伞形，有花2~3朵；花瓣白色，稀粉红色，倒卵形，先端下凹。

果实 核果球形或卵球形，紫黑色。

应用

常种植于园林供观赏。群植，孤植，还可作小路行道树、绿篱或制作盆景，是园林绿化中优秀的观花树种。

东京樱花

● 别名 / 日本樱花
● 科名 / 蔷薇科　● 属名 / 樱属

● 花期　| 1 | 2 | 3 | 4 | 5 | 6 | 7 | 8 | 9 | 10 | 11 | 12 |　<月份>

Cerasus yedoensis

分布 北京、西安、青岛、南京、南昌等城市庭园栽培。原产日本。园艺品种很多，供观赏用。

繁殖方式 播种、扦插、压条、嫁接繁殖。

▶ 形态特征

乔木，树皮灰色。小枝淡紫褐色，嫩枝绿色，被疏柔毛。

叶子 叶片椭圆卵形或倒卵形，边有尖锐重锯齿，齿端渐尖。

花朵 花序伞形总状，先叶开放，花瓣白色或粉红色，椭圆卵形。

果实 核果近球形，黑色，核表面略具棱纹。

应用

东京樱花为著名的早春观赏树种，在开花时满树灿烂，但是花期很短，1周左右就凋谢，先叶开放，花色粉红，可孤植或群植，也可以列植或和其他花灌木合理配置于道路两旁，或片植作专类园。

日本晚樱

- 别名 / 重瓣樱花
- 科名 / 蔷薇科 ● 属名 / 樱属

● **花期** 1 2 3 **4** 5 6 7 8 9 10 11 12 <月份>

Cerasus serrulata

 分布 我国各地庭园栽培，引自日本，供观赏用。

 繁殖方式 扦插繁殖。

▶ 形态特征

落叶乔木，株高3～8米。

☑ **叶子** 叶片卵状椭圆形或倒卵椭圆形，先端渐尖，基部圆形，边缘具尖重锯齿，齿端有长芒。

✿ **花朵** 花序为伞房总状或近伞形，有花2～3朵，花白色，稀粉红色，花有香气。

应用

日本晚樱花大而芳香，盛开时繁花似锦，以群植为佳，也可植于庭园建筑物旁或孤植于行道旁。

杏

● 别名 / 杏子
● 科名 / 蔷薇科　● 属名 / 杏属

Armeniaca vulgaris

 分布 原产中国各地，多数为栽培，尤以华北、西北和华东地区种植较多。

繁殖方式 播种、扦插繁殖。

▶ **形态特征**

树冠圆形、扁圆形或长圆形；树皮灰褐色，纵裂。

🌿 **叶子** 叶片宽卵形或圆卵形，基部圆形至近心形，叶边有圆钝锯齿；叶柄长2～3.5厘米，无毛。

❀ **花朵** 花单生，先于叶开放；花萼紫绿色；萼筒圆筒形；花瓣圆形至倒卵形，白色或带红色，具短爪；雄蕊约20～45，稍短于花瓣；子房被短柔毛，花柱稍长或几与雄蕊等长，下部具柔毛。

应用

杏树在早春开花，先花后叶，可与苍松、翠柏配植于池旁湖畔或植于山石崖边、庭院堂前，具观赏性。杏是常见水果之一，营养极为丰富。

火焰树

- 别名 / 喷泉树、苞萼木、火焰木
- 科名 / 紫葳科 ● 属名 / 火焰树属

● **花期** 1 2 3 4 5 6 7 8 9 10 11 12 <月份>

Spathodea campanulata

 分布 原产非洲，现广泛栽培于印度、斯里兰卡。我国广东、福建、台湾、云南均有栽培。

 繁殖方式 播种繁殖。

▶ 形态特征

乔木，树皮平滑，灰褐色。

🍃 **叶子** 奇数羽状复叶，对生，叶片椭圆形至倒卵形，全缘，背面脉上被柔毛。

❀ **花朵** 伞房状总状花序，顶生，密集；花萼佛焰苞状，花冠一侧膨大，基部紧缩成细筒状，檐部近钟状，桔红色，具紫红色斑点，外面橘红色，内面橘黄色。

🍒 **果实** 蒴果黑褐色，种子近圆形。

应用

火焰树树姿婆婆，羽叶茂盛，花大，花色橘红色，开花于树冠之上，极似一把把火炬，常作荫庇树或行道树，也适宜公园、社区、旅游区等地种植。

171

龙牙花

Erythrina corallodendron

 分布 原产南美洲。广州、桂林、贵阳、西双版纳、杭州和台湾等地有栽培。

 繁殖方式 播种、扦插繁殖。

▶ 形态特征

灌木或落叶小乔木，高3~5米。干和枝条散生皮刺。

🌱 **叶子** 羽状复叶具3小叶；小叶菱状卵形，先端渐尖而钝或尾状，两面无毛，有时叶柄上和下面中脉上有刺。

❀ **花朵** 总状花序腋生，花深红色，与花序轴成直角或稍下弯，狭而近闭合；花萼钟状。

🍒 **果实** 荚果，种子多颗，深红色，有一黑斑。

应用

龙牙花花色艳丽，花期长，华南地区常植于路边、河畔、草坪、林缘以及建筑前。

172

鸡冠刺桐

- 别名 / 鸡冠豆、巴西刺桐
- 科名 / 豆科　●属名 / 刺桐属

● **花期**　1 2 3 **4 5 6** 7 8 9 10 11 12　<月份>

Erythrina crista-galli

分布 原产巴西，我国华东南部、华南及西南有栽培。

繁殖方式 播种、扦插繁殖。

▶ 形态特征

落叶灌木或小乔木，茎和叶柄稍具皮刺。

 叶子 羽状复叶具3小叶；小叶长卵形或披针状长椭圆形，先端钝。

 花朵 花与叶同出，总状花序顶生，每节有花1~3朵；花深红色，稍下垂或与花序轴成直角；花萼钟状，先端二浅裂。

 果实 荚果褐色；种子大，亮褐色。

应用

树形较小，适作行道树、远景树。多种植于庭园、校园、公园、游乐区、庙宇等，单植、列植或群植美化。

173

朱缨花

- 别名 / 美蕊花
- 科名 / 豆科　●属名 / 朱缨花属

● **花期**　1 2 3 4 5 6 7 **8** 9 10 11 12 ＜月份＞

Calliandra haematocephala

 分布　原产南美，现热带、亚热带地区常有栽培。我国台湾、福建、广东有引种，栽培供观赏。

繁殖方式　扦插、播种繁殖。

▶ 形态特征

落叶灌木或小乔木，小枝圆柱形，褐色，粗糙。

叶子　二回羽状复叶，小叶斜披针形。

花朵　头状花序腋生，花冠管淡紫红色，顶端具5裂片，裂片反折。

果实　荚果暗棕色，成熟时由顶至基部沿缝线开裂，果瓣外翻；种子长圆形，棕色。

应用

朱缨花叶色亮绿，花色鲜红又似绒球状，是一种观赏价值较高的花灌木，适宜在园林绿地中栽植，且有许多园艺观花品种。

黄槐决明

●别名 / 黄槐、豆槐、黄花刺槐
●科名 / 豆科 ●属名 / 决明属

● 花期 [1 2 3 4 5 6 7 8 9 10 11 12] <月份>

Senna surattensis

分布
原产印度、斯里兰卡、印度尼西亚、菲律宾和澳大利亚，目前世界各地均有栽培。

繁殖方式
扦插、播种繁殖。

▶ 形态特征

灌木或小乔木。

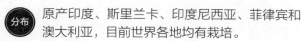 **叶子** 叶轴及叶柄呈扁四方形，小叶长椭圆形或卵形，下面粉白色，被长柔毛。

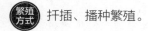 **花朵** 总状花序生于枝条上部的叶腋内；苞片卵状长圆形，外被微柔毛；萼片卵圆形；花瓣鲜黄至深黄色，卵形至倒卵形。

果实 荚果扁平，带状，开裂；种子有光泽。

应用

黄槐决明树冠较大，花期长，花色艳，华南地区用作行道树。

175

美丽马醉木

● 别名 / 兴山马醉木、长苞美丽马醉木
● 科名 / 杜鹃花科 ● 属名 / 马醉木属

● **花期** 1 2 3 4 5 6 7 8 9 10 11 12 <月份>

Pieris formosa

 分布 产于浙江、江西、湖北、湖南、广东、广西、四川等省区。生长于海拔1500～2800米的常绿阔叶林下，松林或林缘灌丛中。

繁殖方式 播种、扦插繁殖。

▶ 形态特征

常绿灌木或小乔木。

叶子 幼叶常带红色，叶革质，披针形至长圆形，先端渐尖或锐尖，边缘具细锯齿。

花朵 总状花序簇生于枝顶的叶腋，或有时为顶生圆锥花序，花冠白色，坛状，外面有柔毛。

果实 蒴果卵圆形；种子黄褐色。

应用

美丽马醉木多用于室内盆栽和庭院观赏。

夹竹桃

- 别名 / 红花夹竹桃、柳叶桃树
- 科名 / 夹竹桃科　●属名 / 夹竹桃属

● 花期　1 2 3 4 5 6 7 8 9 10 11 12　<月份>

Nerium indicum

分布 全国各省区均有栽培，尤以南方为多；长江以北栽培的须在温室越冬。现广植于世界热带地区。

繁殖方式 繁殖以压条法为主，也可用扦插法。

▶ 形态特征

常绿直立大灌木，高达5米，枝条灰绿色。

叶子 叶3～4枚轮生，下枝为对生，窄披针形，顶端急尖，叶缘反卷，侧脉密生而平行。

花朵 聚伞花序顶生，着花数朵，花芳香；花冠深红色或粉红色，栽培演变有白色或黄色，无花盘。

果实 栽培很少结果。

应用

夹竹桃叶片如柳似竹，花瓣相互重叠，有特殊香气，抗逆性强，是林缘、墙边、河旁及工厂绿化的良好观赏树种。常植于公园、庭院、街头、绿地等处。全株有毒，切忌误食。

鸡蛋花

- 别名 / 缅栀子、蛋黄花
- 科名 / 夹竹桃科　● 属名 / 鸡蛋花属

● **花期**　1　2　3　4　5　6　7　8　9　10　11　12　<月份>

Plumeria rubra

分布　原产墨西哥，我国各地均有栽培，在云南逸为野生。

繁殖方式　扦插、压条繁殖。

▶ 形态特征

落叶小乔木，枝条带肉质，具丰富乳汁。

叶子　叶厚纸质，长圆状倒披针形或长椭圆形，顶端短渐尖，基部狭楔形，两面无毛。

花朵　聚伞花序顶生，花萼裂片小，卵圆形；花冠外面白色，花冠筒外面及裂片外面左边略带淡红色斑纹，花冠内面黄色。

应用

鸡蛋花树形美观，花期为夏季，花色素雅。落叶后，光秃的树干弯曲自然，宜在庭园、草坪栽植观赏，也可盆栽。花具有香味，可提香料，或晒干后制饮料，还可供药用，其花可炒食、油炸食用。

178

木芙蓉

●别名 / 芙蓉花、拒霜花、木莲、地芙蓉
●科名 / 锦葵科　●属名 / 木槿属

● 花期　1 2 3 4 5 6 7 **8 9 10** 11 12　<月份>

Hibiscus mutabilis

 分布 原产湖南，现国内大部分省区有栽培，日本和东南亚各国也有栽培。

 繁殖方式 扦插、压条、分株繁殖。

▶ 形态特征

落叶灌木或小乔木。

🌿 叶子 叶宽卵形至圆卵形或心形，常5～7裂，裂片三角形，先端渐尖，具钝圆锯齿。

❀ 花朵 花单生于枝端叶腋间，萼钟形，裂片5，卵形，渐尖头；花初开时白色或淡红色，后变深红色。

🍒 果实 蒴果扁球形。

应用

木芙蓉花大而色丽，我国自古以来多在庭园栽植，可孤植、丛植于墙边、路旁、厅前等处。特别宜于配植水滨，开花时波光花影，相映益妍，分外妖娆。花叶供药用，有清肺、凉血、散热和解毒之功效。

179

二乔玉兰

● 别名 / 苏郎木兰、珠砂玉兰、紫砂玉兰
● 科名 / 木兰科　● 属名 / 木兰属

● 花期　1 2 3 4 5 6 7 8 9 10 11 12　＜月份＞

Yulania × soulangeana

分布 原产于我国，我国华北、华中及江苏、陕西、四川、云南等地均有栽培。

繁殖方式 嫁接、扦插、压条繁殖。

▶ 形态特征

落叶小乔木，小枝无毛。

叶子 叶纸质，倒卵形，先端短急尖，上面基部中脉常残留有毛，下面被柔毛。

花朵 花蕾卵圆形，花先叶开放，浅红色至深红色。

果实 聚合蓇葖果卵圆形或倒卵圆形，种子深褐色。

应用

二乔玉兰是城市绿化的花木，广泛用于公园、绿地和庭园等孤植观赏。在中国内外庭院中普遍栽培。

桂花

● 别名 / 木樨
● 科名 / 木樨科 ● 属名 / 木樨属

● 花期 1 2 3 4 5 6 7 8 9 10 11 12 <月份>

Osmanthus fragrans

 分布 原产我国西南部，现各地广泛栽培。

 繁殖方式 播种法、嫁接法、扦插法、压条法繁殖。

▶ 形态特征

常绿乔木或灌木。树皮灰褐色。

叶子 叶片革质，椭圆形、长椭圆形或椭圆状披针形。

花朵 聚伞花序簇生于叶腋，或近于帚状，每腋内有花多朵；花极芳香；花冠黄白色、淡黄色、黄色或橘红色。

果实 果歪斜，椭圆形，呈紫黑色。

应用

桂花可作香料，是中国传统十大名花之一，是集绿化、美化、香化于一体的观赏与实用兼备的优良园林树种。

紫丁香

- 别名 / 丁香、华北紫丁香、紫丁白
- 科名 / 木樨科 ● 属名 / 丁香属

● 花期　1 2 3 **4 5** 6 7 8 9 10 11 12 ＜月份＞

Syringa oblata

 分布　产于东北、华北、西北以至西南。生长在山坡丛林、山沟溪边、山谷路旁及滩地水边。

繁殖方式　播种、扦插繁殖。

▶ 形态特征

落叶灌木或小乔木；树皮灰褐色或灰色。

叶子　叶片革质或厚纸质，卵圆形至肾形，先端短凸尖至长渐尖或锐尖，基部心形、截形至近圆形，或宽楔形。

花朵　圆锥花序直立，由侧芽抽生，近球形或长圆形，花冠紫色。

果实　果倒卵状椭圆形、卵形至长椭圆形。

应用

植株丰满秀丽，花芬芳袭人，为著名的观赏花木之一。常丛植、散植，与其他种类丁香配植成专类园，也可盆栽、切花等。花可提制芳香油；叶可以入药，可代茶。

紫薇

- ●别名 / 痒痒树、紫金花、紫兰花
- ●科名 / 千屈菜科　●属名 / 紫薇属

● 花期　| 1 | 2 | 3 | 4 | 5 | 6 | 7 | 8 | 9 | 10 | 11 | 12 |　<月份>

Lagerstroemia indica

 分布 我国北至吉林南至海南均有栽培，原产亚洲，现广植于热带地区。

繁殖方式 播种、扦插、压条和嫁接。

▶ 形态特征

落叶灌木或小乔木，枝干多扭曲，小枝纤细。

🌿 叶子 叶互生或有时对生，纸质，椭圆形、阔矩圆形或倒卵形。

✿ 花朵 花淡红色或紫色、白色，顶生圆锥花序；花瓣6，皱缩。

🍒 果实 蒴果椭圆状球形或阔椭圆形，长1～1.3厘米，幼时绿色至黄色，成熟时或干燥时呈紫黑色。

应用

紫薇寿命长，为庭园观赏树，有时亦作盆景。在园林绿化中，被广泛用于公园绿化、庭院绿化、道路绿化、街区绿化等。

183

垂丝海棠

●别名 / 垂枝海棠
●科名 / 蔷薇科 ●属名 / 苹果属

● **花期** 　1　2　3　4　5　6　7　8　9　10　11　12　<月份>

Malus halliana

分布 产于江苏、浙江、安徽、陕西、四川、云南。生长在山坡丛林中或山溪边，海拔50～1200米。

繁殖方式 扦插、分株、压条法繁殖。

▶ 形态特征

落叶小乔木。

叶子 叶片卵形或椭圆形至长椭卵形，先端长渐尖，基部楔形至近圆形，边缘有圆钝细锯齿。

花朵 伞房花序，具花4～6朵；花瓣倒卵形，基部有短爪，粉红色，常在5数以上。

果实 果实梨形或倒卵形。

应用

垂丝海棠的嫩枝、嫩叶均带紫红色，花为粉红色，下垂，早春期间甚为美丽，各地常见栽培供观赏用，有重瓣、白花等变种。

西府海棠

● 别名 / 海红、小果海棠、子母海棠
● 科名 / 蔷薇科 ● 属名 / 苹果属

● 花期 1 2 3 **4 5** 6 7 8 9 10 11 12 <月份>

Malus × micromalus

分布 产于辽宁、河北、山西、山东、陕西、甘肃、云南各地。海拔100～2400米。

繁殖方式 以嫁接或分株繁殖为主，亦可用播种、压条法繁殖。

▶ **形态特征**

小乔木。

 叶子 叶片长椭圆形或椭圆形，先端急尖或渐尖，基部楔形稀近圆形，边缘有尖锐锯齿。

✿ **花朵** 伞形总状花序，有花4～7朵，集生于小枝顶端，花瓣近圆形或长椭圆形，基部有短爪，粉红色。

果实 果实近球形，红色。

应用

西府海棠为常见栽培的果树及观赏树，树姿直立，花朵密集。果味酸甜，可供鲜食及加工用。

紫叶李

● 别名 / 红叶李

● 科名 / 蔷薇科　● 属名 / 李属

● **花期**　1 2 3 **4** 5 6 7 8 9 10 11 12　<月份>

Prunus cerasifera

 分布　原产新疆。生长于山坡林中或多石砾的坡地以及峡谷水边等处，海拔800～2000米。

 繁殖方式　扦插、嫁接、压条繁殖。

▶ 形态特征

灌木或落叶小乔木，多分枝，有时有棘刺。

🍃 **叶子** 叶片椭圆形、卵形或倒卵形，极稀椭圆状披针形，先端急尖，基部楔形或近圆形，边缘有圆钝锯齿。

❀ **花朵** 花单生，稀2朵；萼筒钟状，萼片长卵形；花瓣白色，长圆形或匙形，边缘波状，着生在萼筒边缘。

🌰 **果实** 核果近球形或椭圆形。

<hr>

应用

紫叶李叶色鲜艳，以春、秋两季更甚，宜植于建筑物前及庭园路旁或草坪角隅处，唯须慎选背景之色泽，可充分衬托出它的色彩美。

梅

- 别名 / 春梅、干枝梅、红梅
- 科名 / 蔷薇科 ● 属名 / 杏属

● 花期 1 2 3 4 5 6 7 8 9 10 11 12 <月份>

Armeniaca mume

 分布 梅原产我国南方，现我国各地均有栽培，但以长江流域以南各省最多。日本和朝鲜也有。

 繁殖方式 最常用的是嫁接法，其次为扦插、压条法，最少用的是播种法。

▶ **形态特征**

小乔木，稀灌木；树皮浅灰色或带绿色，平滑。

叶子 叶片卵形或椭圆形，叶边常具小锐锯齿，灰绿色。

花朵 花单生或有时2朵同生于1芽内，香味浓，先于叶开放；花瓣倒卵形，白色至粉红色。

果实 果实近球形，黄色或绿白色。

应用

梅花是中国十大名花之首，变种和品种极多，可分花梅及果梅两类。花梅主要供观赏。果梅主要药用。梅花最宜植于庭院、草坪、低山丘陵，可孤植、丛植、群植，又可盆栽观赏。

187

木本曼陀罗

● 别名 / 大花曼陀罗、天使的号角
● 科名 / 茄科　● 属名 / 曼陀罗属

● **花期** | 1 | 2 | 3 | 4 | 5 | 6 | 7 | 8 | 9 | 10 | 11 | 12 | <月份>

Brugmansia arborea

 分布 原产美洲热带；我国北京、青岛等市有栽培，冬季放在温室。

 繁殖方式 种子繁殖。

▶ 形态特征

小乔木，高2米余。茎粗壮，上部分枝。

叶子 叶卵状披针形、矩圆形或卵形，全缘、微波状或有不规则缺刻状齿，两面有微柔毛。

花朵 花单生，俯垂，花萼筒状，中部稍膨胀，花冠白色、粉色、淡黄色，脉纹绿色，长漏斗状。

果实 浆果状蒴果，表面平滑，广卵状，长达6厘米。

应用

木本曼陀罗花期长，花大，枝叶扶疏，花形美观，香味浓烈，观赏价值很高。园林中常孤植或群植，适于坡地、池边、岩石旁及林缘下栽培观赏，也适合大型盆栽。花枝可用于插花。全草有毒。

188

山茶

●别名 / 茶花
●科名 / 山茶科　●属名 / 山茶属

● 花期　1 2 3 4 5 6 7 8 9 10 11 12 <月份>

Camellia japonica

分布 四川、台湾、山东、江西等地有野生种，国内各地广泛栽培，品种繁多。

繁殖方式 扦插和靠接法繁殖。

▶ **形态特征**

灌木或小乔木，嫩枝无毛。

 叶子 叶革质，椭圆形，先端略尖，或急短尖而有钝尖头，基部阔楔形，边缘有细锯齿。

花朵 花顶生，红色，无柄；苞片及萼片约10片，组成杯状苞被，半圆形至圆形，花瓣6～7片，倒卵圆形，雄蕊3轮。

果实 蒴果圆球形，果爿厚木质。

应用

山茶植株形姿优美，叶为浓绿，有光泽，花形艳丽缤纷，宜庭园绿化、植物造景，可作盆景造型；亦可用作插花、切花材料；还可大规模种植成专类园。

茶梅

- 别名 / 茶梅花
- 科名 / 山茶科　·　属名 / 山茶属

● 花期　1 2 3 4 5 6 7 8 9 10 11 12　<月份>

Camellia sasanqua

（分布）分布于日本，我国有栽培品种。

（繁殖方式）扦插、嫁接、压条和播种繁殖。

▶ 形态特征

小乔木，嫩枝有毛。

叶子 叶革质，椭圆形，先端短尖，基部楔形，有时略圆，边缘有细锯齿。

花朵 花大小不一，花瓣6～7片，近离生，红色，阔倒卵形。

果实 蒴果球形，种子褐色，无毛。

应用

茶梅可于庭院和草坪中孤植或对植；配置花坛、花境；因着花量多，耐修剪，亦可作基础种植及常绿篱垣材料；规模种植，建立茶梅专类园；也可盆栽。

山茱萸

● 别名 / 山萸肉、肉枣、萸肉、天木籽
● 科名 / 山茱萸科　● 属名 / 山茱萸属

● 花期　1 2 **3** 4 5 6 7 8 9 10 11 12　<月份>

Cornus officinalis

 分布　产山西、陕西、甘肃、山东、江苏等省。生长于海拔400～1500米的林缘或森林中。

 繁殖方式　播种、扦插、嫁接法繁殖。

▶ 形态特征

落叶乔木或灌木；树皮灰褐色；小枝细圆柱形。

🍃 **叶子**　叶对生，纸质，卵状披针形或卵状椭圆形，先端渐尖，基部宽楔形或近于圆形，全缘。

✿ **花朵**　伞形花序生于枝侧，花小，两性，先叶开放；花萼裂片4，阔三角形，花瓣4，舌状披针形，黄色，向外反卷。

🍒 **果实**　核果长椭圆形，红色至紫红色。

应用

山茱萸先开花后萌叶，秋季红果累累，绯红欲滴，可在庭园、花坛内单植或片植，景观效果十分美丽。盆栽观果可达3个月之久。在花卉市场十分畅销。果可食用、药用。

191

四照花

- 别名 / 山荔枝
- 科名 / 山茱萸科　• 属名 / 四照花属

● **花期**　1 2 3 4 **5** 6 **7** 8 9 10 11 12　<月份>

Cornus kousa subsp. chinensis

🔖 **分布**　原产朝鲜和日本。我国东南各省有引种栽培。

🔖 **繁殖方式**　分蘖法及扦插法，也可用种子繁殖。

▶ 形态特征

落叶小乔木或灌木。

 叶对生，薄纸质，卵形或卵状椭圆形，边缘全缘或有明显的细齿，脉腋具黄色的绢状毛。

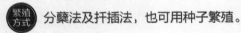 头状花序球形，约由40~50朵花聚集而成；总苞片4，白色，卵形或卵状披针形，花小，花萼管状，上部4裂，裂片钝圆形或钝尖形，花盘垫状。

🔖 **果实**　聚花果球形，红色。

应用

春赏亮叶，夏观玉花，秋看红果红叶，是一种极其美丽的庭园观花观叶观果园林绿化佳品。其果实营养丰富，可食用。

红千层

● 别名 / 瓶刷子树、红瓶刷、金宝树
● 科名 / 桃金娘科　● 属名 / 红千层属

Callistemon rigidus

 分布 原产澳大利亚。广东及广西有栽培。

 繁殖方式 播种、扦插繁殖。

▶ 形态特征

小乔木，树皮坚硬，灰褐色。

叶子 叶片坚革质，线形，先端尖锐，初时有丝毛，不久脱落，侧脉明显，边脉位于边上，突起。

花朵 穗状花序生于枝顶；萼管略被毛，萼齿半圆形，近膜质；花瓣绿色，卵形，雄蕊鲜红色，花药暗紫色，椭圆形；花柱比雄蕊稍长，先端绿色，其余红色。

果实 蒴果半球形，种子条状。

应用

红千层是庭院观花、行道景观、小区绿化的首选树种，还可作防风林、切花及大型盆栽，并可修剪整枝成为高贵盆景。

黄钟木

- 别名 / 黄花风铃木
- 科名 / 紫葳科 ●属名 / 风铃木属

● 花期 1 2 **3** **4** **5** 6 7 8 9 10 11 12 〈月份〉

Tabebuia chrysantha

 分布 原产墨西哥、中美洲、南美洲等地。

 繁殖方式 播种、扦插或高压法繁殖，以播种法为主。

▶ 形态特征

落叶灌木或小乔木，高3～12米。树皮灰色，鳞片状开裂，小枝有毛。

🌿 **叶子** 掌状复叶，小叶卵状椭圆形，顶端尖，两面有毛。

✿ **花朵** 花喇叭形，花冠黄色，有红色条纹。

应用

黄钟木花色金黄明艳，是优良行道树，也可在庭院、校园、住宅区等种植。适合公园、绿地等路边、水岸边的栽培观赏。

194

凤尾丝兰

● 别名 / 菠萝花、厚叶丝兰
● 科名 / 龙舌兰科　● 属名 / 丝兰属

● 花期 `1 2 3 4 5 6 7 8 9 10 11 12` <月份>

Yucca gloriosa

 分布 原产北美洲，我国各地均有栽培。

 繁殖方式 扦插或分株繁殖。

▶ 形态特征

常绿灌木，茎短，有时可高达5米，具分枝。

叶子 叶剑形，质挺直向上斜展，粉绿色，顶端长渐尖且具坚硬刺，边全缘或老时具白色丝状纤维。

花朵 顶生狭圆锥花序，花下垂，乳白色，花被片6，长圆形或卵状椭圆形。

果实 果卵状长圆形。

应用

凤尾丝兰树态奇特，叶形如剑，花色洁白，是良好的庭园观赏树木，常植于花坛中央、建筑前、草坪中、路旁及绿篱等。叶纤维韧性强，可供制缆绳用。

195

水果蓝

●别名 / 灌丛石蚕、银石蚕
●科名 / 唇形科 ●属名 / 石蚕属

● **花期** 　1　2　3　4　5　6　7　8　9　10　11　12　<月份>

teucrium fruticans

分布 原产地中海地区及西班牙。

繁殖方式 扦插繁殖。

▶ **形态特征**

常绿灌木，全株枝叶常年灰绿色。

 叶子 叶对生，具短柄，长圆状披针形。

 花朵 轮伞花序，于茎及短分枝上部排列成假穗状花序，花瓣浅蓝色。

应用

水果蓝既适宜作深绿色植物的前景，也适合作草本花卉的背景，或在自然式园林中种植于林缘或花境。萌蘖力很强，水果蓝可反复修剪，所以也可用作规则式园林的矮绿篱。

红穗铁苋菜

● 别名 / 狗尾红、绿叶铁苋菜
● 科名 / 大戟科　● 属名 / 铁苋菜属

● 花期　1 2 3 4 5 6 7 8 9 10 11 12 〈月份〉

Acalypha hispida

 原产于太平洋岛屿，现热带、亚热带地区广泛栽培为庭园观赏植物。

繁殖方式 扦插繁殖。

▶ 形态特征

灌木，株高可达2～3米。

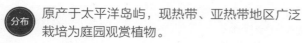 叶子 叶卵圆形，亮绿色，背面稍浅，叶柄有绒毛。

花朵 花红色或紫红色，着生于尾巴状的长穗状花序上。

应用

红穗铁苋菜花序色泽鲜艳，十分喜人，宜植于公园、植物园和庭园中。

铁海棠

- 别名 / 麒麟刺、虎刺梅
- 科名 / 大戟科 ● 属名 / 大戟属

● **花期** 1 2 3 4 5 6 7 8 9 10 11 12 <月份>

Euphorbia milii

 分布 原产非洲（马达加斯加）。我国各地均有栽培，常见于公园、植物园和庭园中。

繁殖方式 扦插法繁殖。

▶ 形态特征

蔓生灌木。茎多分枝，具纵棱，密生硬而尖的锥状刺。

叶子 叶互生，通常集中于嫩枝上，倒卵形或长圆状匙形。

花朵 花序2、4或8个组成二歧状复花序，生于枝上部叶腋；苞叶2枚，肾圆形，上面鲜红色，下面淡红色；总苞钟状，且内弯；腺体5枚，肾圆形，黄红色。

果实 蒴果三棱状卵形。

应用

铁海棠栽培容易，开花期长，红色苞片，鲜艳夺目，是深受欢迎的盆栽植物，可作刺篱。

一品红

● 别名 / 猩猩木、圣诞花
● 科名 / 大戟科 ● 属名 / 大戟属

● **花期** 1 2 3 4 5 6 7 8 9 10 11 12 <月份>

Euphorbia pulcherrima

 分布 广泛栽培于热带和亚热带。我国绝大部分省区市均有栽培，常见于公园、植物园及温室中。

 繁殖方式 扦插繁殖。

▶ **形态特征**

灌木植物。茎直立，无毛。

🌿 **叶子** 叶互生，卵状椭圆形、长椭圆形或披针形，先端渐尖或急尖，边缘全缘或浅裂或波状浅裂。

❀ **花朵** 花序数个聚伞排列于枝顶；总苞坛状，淡绿色，边缘齿状5裂；雄花多数，常伸出总苞之外，雌花1枚。

🍒 **果实** 蒴果，三棱状圆形。

应用

一品红花色鲜艳，花期长，圣诞、元旦、春节期间开花，盆栽布置室内环境可增加喜庆气氛，美化庭园，也可作切花。

199

琴叶珊瑚

● 别名 / 变叶珊瑚、琴叶樱
● 科名 / 大戟科　● 属名 / 麻风树属

● 花期　1 2 3 4 5 6 7 8 9 10 11 12　<月份>

Jatropha integerrima

 原产于西印度群岛，我国南方多有栽培。

繁殖方式 扦插繁殖。

▶ 形态特征

常绿灌木。

叶子 叶纸质，互生，叶形多样，卵形、倒卵形、长圆形或提琴形，顶端急尖或渐尖，幼叶下面紫红色；托叶小，早落。雌雄异株。

花朵 聚伞花序顶生，红色，花单性，萼裂片5，花瓣长椭圆形，具花盘；雌花较雄花稍大，基部合生。

果实 蒴果成熟时呈黑褐色。

应用

花朵虽然不大，但花期长，无论什么时候，都可以看到它开花，是庭园常见的观赏花卉，被广泛应用于景观。适合庭植或大型盆栽。

200

紫荆

● 别名 / 裸枝树、紫珠
● 科名 / 豆科　● 属名 / 紫荆属

● 花期　1 2 3 4 5 6 7 8 9 10 11 12　<月份>

Cercis chinensis

 分布　产于我国东南部。

 繁殖方式　用播种、分株、扦插、压条法等繁殖。

▶ **形态特征**

落叶丛生或单生灌木，高2～5米；树皮和小枝灰白色。

叶子　叶纸质，近圆形或三角状圆形，先端急尖。

花朵　花紫红色或粉红色，2～10余朵成束，簇生于老枝和主干上。

果实　荚果扁狭长形；种子黑褐色。

应用

紫荆先花后叶，花形如蝶，满树皆红，多丛植于草坪边缘和建筑物旁、园路角隅或树林边缘。因开花时叶尚未发出，故宜与常绿之松柏配植为前景或植于浅色的物体前面，如白粉墙之前或岩石旁。

金凤花

- 别名 / 洋金凤、黄金凤、红蝴蝶
- 科名 / 豆科　●属名 / 小凤花属

● 花期　| 1 | 2 | 3 | 4 | 5 | 6 | 7 | 8 | 9 | 10 | 11 | 12 | ＜月份＞

Caesalpinia pulcherrima

 分布　我国云南、广西、广东和台湾均有栽培。原产地可能是西印度群岛。

繁殖方式　播种繁殖。

▶ 形态特征

常绿大灌木或小乔木。枝光滑，散生疏刺。

叶子　二回羽状复叶；小叶对生，长圆形或倒卵形，顶端凹缺。

花朵　总状花序近伞房状，顶生或腋生，疏松；花瓣橙红色或黄色，圆形，边缘皱波状。

果实　荚果狭而薄，倒披针状长圆形，不开裂，成熟时黑褐色。

 应用

金凤花如蝴蝶般的花常年于枝头盛开，为热带地区有价值的观赏树木之一。

杜鹃

- 别名 / 映山红、山石榴
- 科名 / 杜鹃花科　属名 / 杜鹃属

● 花期　1 2 3 **4** 5 6 7 8 9 10 11 12 ＜月份＞

Rhododendron simsii

分布 产于江苏、安徽、浙江等省份。生于山地疏灌丛或松林下。

繁殖方式 扦插、嫁接、压条、分株、播种繁殖。

▶ 形态特征

落叶灌木。分枝多而纤细，密被亮棕褐色扁平糙伏毛。

 叶子 叶革质，常集生枝端，卵形至倒披针形，先端短渐尖，中脉在上面凹陷，下面凸出。

 花朵 花芽卵球形；花数朵簇生枝顶，花冠阔漏斗形，玫瑰色、鲜红色或暗红色，上部裂片具深红色斑点。

果实 蒴果卵球形，密被糙伏毛；花萼宿存。

应用

园林中最宜在林缘、溪边、池畔及岩石旁成丛成片栽植，也可于疏林下散植。杜鹃是花篱的良好材料，可经修剪培育成各种形态。除观赏外，还可入药。

203

比利时杜鹃

● 别名 / 西洋杜鹃
● 科名 / 杜鹃花科 ● 属名 / 杜鹃属

● 花期 | 1 2 3 4 5 6 7 8 9 10 11 12 <月份>

Rhododendron hybridum

分布 园艺杂交种，我国各地广泛栽培。

繁殖方式 扦插、压条、嫁接繁殖。

▶ 形态特征

常绿灌木，株高约15～50厘米。

叶子 叶互生或簇生，长椭圆形，叶面具白色绒毛。

花朵 花有单瓣、半重瓣及重瓣，花有红、粉红、白色带粉红边或红白相间等色。

果实 蒴果，很少结实。

应用

比利时杜鹃株形美观，叶色浓绿，花朵繁茂，花色艳丽，常作为盆栽点缀宾馆、小庭园和公共场所。

溲疏

- 别名 / 空疏、巨骨、空木、卵花
- 科名 / 虎耳草科 ● 属名 / 溲疏属

● **花期** 1 2 3 4 5 6 7 8 9 10 11 12 <月份>

Deutzia scabra

 分布 产于浙江、江西、安徽、山东、四川、江苏等地，广为栽培。

 繁殖方式 播种、扦插繁殖。

▶ 形态特征

落叶灌木，株高2~2.5米。

叶子 叶对生，叶片卵形至卵状披针形，边缘有细锯齿。

花朵 直立圆锥花序，花白色或外面略带红晕。

应用

初夏白花繁密、素雅，常丛植于草坪、路边、山坡及林缘，也可作花篱及岩石园种植材料。花枝可供瓶插观赏。

绣球

- 别名 / 八仙花、紫阳花
- 科名 / 虎耳草科　●属名 / 绣球属

● **花期** 　1　2　3　4　5　6　7　8　9　10　11　12　<月份>

Hydrangea macrophylla

 分布 产于华东、华中、华南及西南等省区。野生或栽培。生长于山谷溪旁或山顶疏林中。

繁殖方式 常用分株、压条、扦插和组培繁殖。

▶ 形态特征

灌木植物，茎常于基部发出多数放射枝而形成一圆形灌丛；枝圆柱形，粗壮，紫灰色至淡灰色，无毛。

叶子 叶纸质或近革质，倒卵形或阔椭圆形，先端骤尖，两面无毛或被稀毛。

花朵 伞房状聚伞花序近球形，粉红色、淡蓝色或白色；孕性花极少数。

果实 蒴果陀螺状。

应用

绣球品种多，栽培广，花序大而美丽，花色多变，是优良的庭园观赏植物，宜丛植、列植或作盆栽。常作切花。

山梅花

● **花期**　1 2 3 4 5 6 7 8 9 10 11 12 <月份>

Philadelphus incanus

 分布　产于山西、陕西、甘肃、河南、湖北、安徽和四川。欧美各地的一些植物园有引种栽培。

 繁殖方式　播种、分株、扦插、压条繁殖。

▶ **形态特征**

灌木，高1.5~3.5米。

叶子　叶卵形或宽卵形，先端尾尖，花枝叶卵形，较小，先端渐尖，上面被刚毛，下面密被白色长粗毛。

花朵　总状花序，花梗密被长柔毛；萼筒钟形，裂片卵形，先端骤渐尖；花冠盘状；花瓣白色，卵形或近圆形。

果实　蒴果倒卵形；种子具短尾。

应用

山梅花芳香、美丽，多朵聚集，花期较久，为优良的观赏花木，宜丛植，常作庭园观赏植物，亦可作切花材料。

207

黄蝉

● 别名 / 黄兰蝉
● 科名 / 夹竹桃科　● 属名 / 黄蝉属

● 花期　1 2 3 4 5 6 7 8 9 10 11 12　<月份>

Allamanda schottii

 分布　原产巴西，现广植于热带地区。

 繁殖方式　扦插繁殖。

▶ 形态特征

直立灌木，高1~2米，具乳汁；枝条灰白色。

 叶子　叶3~5枚轮生，全缘，椭圆形或倒卵状长圆形，先端渐尖或急尖，除叶背中脉和侧脉被短柔毛外，其余无毛。

花朵　聚伞花序顶生，花橙黄色，花冠漏斗状，内面具红褐色条纹，花冠下部圆筒状，基部膨大。

果实　蒴果球形，具长刺。

应用

花黄色，大形，供庭园及道路旁作观赏用。植株有毒，应予注意。

208

狗牙花

- 别名 / 白狗牙、豆腐花
- 科名 / 夹竹桃科　●属名 / 狗牙花属

● **花期**　1 2 3 4 5 6 7 8 9 10 11 12　<月份>

Ervatamia divaricata cv. Gouyahua

分布　栽培于我国南部各省区。

繁殖方式　可用扦插或高空压条法繁殖，主要用扦插法。

▶ **形态特征**

灌木。

 叶子　叶坚纸质，椭圆形或椭圆状长圆形，短渐尖，基部楔形。

花朵　聚伞花序腋生，通常双生，近小枝端部集成假二歧状，着花6~10朵。

果实　种子3~6个，长圆形。

应用

狗牙花枝叶茂密，株形紧凑，花净白素丽，花期长，为重要的衬景和调配色彩花卉，适宜作花篱或大型盆栽。

红花檵木

●别名 / 红檵木
●科名 / 金缕梅科   ●属名 / 檵木属

● **花期** 1 2 3 **4** 5 6 7 8 9 10 11 12 ‹月份›

Loropetalum chinense var. Rubrum

分布 分布于我国中部、南部及西南各省；亦见于日本及印度。

繁殖方式 嫁接、扦插、播种繁殖。

▶ 形态特征

灌木，有时为小乔木，多分枝。

叶子 叶革质，卵形，上面略有粗毛或秃净，下面被星毛。

花朵 花3~8朵簇生，红色，比新叶先开放，或与嫩叶同时开放，花瓣4片，带状，先端圆或钝。

果实 蒴果卵圆形；种子圆卵形，黑色。

应用

红花檵木为常绿植物，生态适应性强，耐修剪，易造型，广泛用于色篱、模纹花坛、灌木球、彩叶小乔木、桩景造型、盆景等城市的绿化美化。

木槿

● 别名 / 朝开暮落花
● 科名 / 锦葵科 ● 属名 / 木槿属

Hibiscus syriacus

分布 原产我国中部各省，现全国各地均有栽培。

繁殖方式 播种、压条、扦插、分株法繁殖，生产上主要运用扦插繁殖和分株繁殖。

▶ 形态特征

落叶灌木，小枝密被黄色星状绒毛。

叶子 叶菱形至三角状卵形，具深浅不同的3裂或不裂，先端钝，基部楔形，边缘具不整齐齿缺。

花朵 花单生于枝端叶腋间；花萼钟形，密被星状短绒毛，三角形；花钟形，淡紫色，花瓣倒卵形。

果实 蒴果卵圆形；种子肾形。

应用

木槿主供园林观赏用，或作绿篱材料；茎皮富含纤维，可作造纸原料；入药治疗皮肤癣疮。

朱槿

- 别名 / 扶桑、大红花
- 科名 / 锦葵科　●属名 / 木槿属

● 花期　1 2 3 4 5 6 7 8 9 10 11 12 ＜月份＞

Hibiscus rosa-sinensis

 分布 广东、云南、台湾、福建、广西、四川等省区栽培。

繁殖方式 扦插、嫁接繁殖。

▶ 形态特征

常绿灌木。

 叶子 叶阔卵形或狭卵形，先端渐尖，基部圆形或楔形，边缘具粗齿或缺刻。

花朵 花单生于上部叶腋间，常下垂；花冠漏斗形，有玫瑰红色或淡红、淡黄等色，花瓣倒卵形。

果实 蒴果卵形。

应用

朱槿在南方多栽植于池畔、亭前、道旁和墙边，全年大红花开花不断，异常热闹。长江流域和北方常以盆栽点缀阳台或小庭园，在光照充足条件下，观赏期特别长。

蜡梅

- 别名 / 腊梅、蜡花、蜡梅花、蜡木
- 科名 / 蜡梅科　●属名 / 蜡梅属

● **花期** 1 2 3 4 5 6 7 8 9 10 11 12 ＜月份＞

Chimonanthus praecox

分布 产于华东、华中、华南及西南等省区，生于山地林中。日本、朝鲜及欧洲也有。

繁殖方式 压条法、分根法和种子繁殖。

▶ 形态特征

落叶灌木植物。

 叶子 叶纸质至近革质，卵圆形、椭圆形、宽椭圆形至卵状椭圆形。

 花朵 花着生于第二年生枝条叶腋内，先花后叶，芳香；花被片圆形、长圆形、倒卵形、椭圆形或匙形。

应用

蜡梅一般以孤植、对植、丛植、群植于园林与建筑物的入口处两侧和厅前、亭周、窗前屋后、墙隅及草坪、水畔、路旁等处。若与南天竹相配，冬天时红果、黄花、绿叶交相辉映，更具中国园林的特色。

213

倒挂金钟

- 别名 / 灯笼花、吊钟海棠
- 科名 / 柳叶菜科　　• 属名 / 倒挂金钟属

● **花期**　1 2 3 4 5 6 7 8 9 10 11 12　〈月份〉

Fuchsia hybrida

分布 本种是根据中美洲的材料人工培养出的园艺杂交种。我国广为栽培，已成为重要的花卉植物。

繁殖方式 扦插繁殖。

▶ **形态特征**

半灌木，茎直立，多分枝。

 叶对生，卵形或狭卵形，边缘具远离的浅齿或齿突，脉常带红色。

花朵 花两性，单一，稀成对生于茎枝顶叶腋，下垂；花管红色，筒状；花瓣色多变，紫红色、红色、粉红色、白色，排成覆瓦状，宽倒卵形。

果实 果紫红色，倒卵状长圆形。

214

马缨丹

- 别名 / 五色梅、臭草
- 科名 / 马鞭草科　属名 / 马缨丹属

● **花期**　1 2 3 4 5 6 7 8 9 10 11 12 <月份>

Lantana camara

 分布　原产美洲热带地区，现在我国台湾、福建、广东、广西已逸生，常生长于海拔80~1500米的海边沙滩和空旷地区。

 繁殖方式　播种、扦插繁殖。

▶ 形态特征

直立或蔓性的灌木，有时藤状，通常有短而倒钩状刺。

叶子　单叶对生，揉烂后有强烈的气味，叶片卵形至卵状长圆形。

花朵　花序直径1.5~2.5厘米；苞片披针形；花萼管状，花冠黄色或橙黄色，开花后不久转为深红色。

果实　果圆球形，成熟时紫黑色。

应用

马缨丹花期长，花色丰富，可植于街道、分车道和花坛，为城市街景增色。亦可在路两侧做花篱，坡坎绿化，或作盆栽摆设观赏。

赪桐

- 别名 / 贞桐花、状元红、荷苞花
- 科名 / 马鞭草科　● 属名 / 大青属

● 花期　1 2 3 4 5 6 7 8 9 10 11 12　<月份>

Clerodendrum japonicum

 分布 产于江苏、湖南、福建、台湾、广东等省份。通常生长于平原、山谷、溪边或疏林中或栽培于庭园。

繁殖方式 分株繁殖。

▶ 形态特征

灌木，小枝四棱形。

叶子 叶片圆心形，顶端尖或渐尖，表面疏生伏毛，背面密具锈黄色盾形腺体。

花朵 二歧聚伞花序组成顶生，大而开展的圆锥花序，花序的最后侧枝呈总状花序，花冠红色、稀白色。

果实 果实椭圆状球形，绿色或蓝黑色。

应用

全株可药用，有祛风利湿、消肿散瘀的功效。作为一种具有较高观赏价值的盆栽花卉，主要应用于会场、客厅的布置。

216

龙吐珠

- 别名 / 麒麟吐珠、白萼赪桐
- 科名 / 马鞭草科 　属名 / 大青属

● 花期 　1 2 3 4 5 6 7 8 9 10 11 12 　<月份>

Clerodendrum thomsonae

 原产西非，我国引种栽培。

 扦插、播种繁殖。

▶ 形态特征

攀缘状灌木。

叶子 叶片纸质，狭卵形或卵状长圆形，顶端渐尖，基部近圆形，全缘。

花朵 聚伞花序腋生或假顶生，二歧分枝，苞片狭披针形；花萼白色；花冠深红色，花冠管与花萼近等长。

果实 核果近球形；宿存萼不增大，红紫色。

应用

本种为美丽的观赏植物，开花时深红色的花冠由白色的萼内伸出，状如吐珠。主要用于温室栽培观赏、花架、拱门和各种图案造型等。

假连翘

- 别名 / 番仔刺、篱笆树、洋刺、花墙刺
- 科名 / 马鞭草科　●属名 / 假连翘属

● **花期** | 1 | 2 | 3 | 4 | 5 | 6 | 7 | 8 | 9 | 10 | 11 | 12 | <月份>

Duranta repens

 分布 原产热带美洲。我国南方常见栽培，常逸为野生。

繁殖方式 以播种和扦插为主。

▶ 形态特征

灌木，枝条有皮刺。

叶子 叶对生，少有轮生，叶片卵状椭圆形、倒卵形或卵状披针形，纸质。

花朵 总状花序顶生或腋生，常排成圆锥状；花冠通常为淡蓝紫色，稍不整齐，先端5裂。

果实 核果球形，熟时红黄色，有增大宿存花萼包围。

应用

假连翘花蓝紫色，入秋果实金黄，是极佳的观花观果植物。适宜于盆栽、布置厅堂及会场或作吊盆观果，也可应用于公园、庭院中丛植观赏，或作花篱，或色块栽培。其花、果均可作切花材料。

牡丹

- 别名 / 洛阳花、富贵花
- 科名 / 毛茛科　● 属名 / 芍药属

● 花期　1 2 3 4 5 6 7 8 9 10 11 12 　<月份>

Paeonia suffruticosa

分布 目前世界各地广泛栽培。

繁殖方式 分株、嫁接、扦插、播种、压条、组织培养。

▶ 形态特征

落叶灌木。茎分枝短而粗。

 叶子 叶通常为二回三出复叶，顶生小叶宽卵形，3裂至中部。

 花朵 花单生枝顶，花瓣5，或为重瓣，玫瑰色、红紫色、粉红色至白色，通常变异很大，倒卵形，顶端呈不规则的波状；花盘革质，杯状，紫红色。

果实 蓇葖长圆形，密生黄褐色硬毛。

应用

牡丹花大色艳，花姿绰约，可在公园和风景区建立专类园；在古典园林和居民院落中筑花台养植；在园林绿地中自然式孤植、丛植或片植。除观赏外，还可入药。

紫玉兰

● 别名 / 辛夷、木笔
● 科名 / 木兰科 ● 属名 / 木兰属

● 花期 1 2 3 4 5 6 7 8 9 10 11 12 <月份>

Magnolia liliflora

分布 产于福建、湖北、四川、云南西北部，生长于海拔300～1600米的山坡林缘。

繁殖方式 分株法、压条和播种繁殖。

▶ 形态特征

落叶灌木，常丛生。

 叶子 叶椭圆状倒卵形或倒卵形，先端急尖或渐尖，沿脉有短柔毛。

花朵 花叶同时开放，瓶形，稍有香气；花瓣外面紫红色，里面带白色。

果实 聚合果深紫褐色，成熟蓇葖近圆球形。

应用

紫玉兰早春开花，花大，味香，色美，宜配植于庭前或丛植于草坪边缘。栽培历史较久，为庭园珍贵花木之一。花蕾形大如笔头，故有"木笔"之称。是我国人民所喜爱的传统花木。

含笑

- 别名 / 含笑美、含笑梅、山节子、白兰花、唐黄心树、香蕉花、香蕉灌木
- 科名 / 木兰科　● 属名 / 含笑属

● **花期** 1 2 3 4 5 6 7 8 9 10 11 12 ＜月份＞

Michelia figo

 分布 原产中国华南南部各省区。

 繁殖方式 扦插、圈枝繁殖和嫁接法等。

▶ 形态特征

常绿灌木，高2～3米，树皮灰褐色，分枝繁密。

叶子 叶革质，狭椭圆形或倒卵状椭圆形，先端钝短尖，基部楔形或阔楔形，上面有光泽，无毛，下面中脉上留有褐色平伏毛，余脱落无毛。

花朵 花直立，花瓣淡黄色而边缘有时红色或紫色，具甜浓的芳香，花被片6，肉质，较肥厚。

果实 聚合果长2～3.5厘米；蓇葖卵圆形或球形。

应用

含笑以盆栽为主，庭园造景次之。在园艺用途上主要是栽植2～3米之小型含笑花灌木，作为庭园中供观赏暨散发香气之植物，当花苞膨大而外苞行将脱落时，所采摘下的含笑花气味最为香浓。

连翘

- 别名 / 黄花杆、黄寿丹
- 科名 / 木樨科　• 属名 / 连翘属

● **花期** 1 2 3 4 5 6 7 8 9 10 11 12 ＜月份＞

Forsythia suspensa

分布 产于河北、山西、陕西、山东、安徽西部、河南、湖北、四川。生长于山坡灌丛、林下或草丛中。

繁殖方式 播种、压条、扦插、分株繁殖。

▶ 形态特征

落叶灌木。枝开展或下垂，节间中空，节部具实心髓。

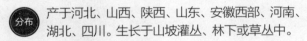 **叶子** 叶通常为单叶，或3裂至三出复叶，叶片卵形、宽卵形或椭圆状卵形至椭圆形。

花朵 花单生或2至数朵着生于叶腋，先于叶开放；花冠黄色，裂片倒卵状长圆形或长圆形。

果实 果为卵球形、卵状椭圆形或长椭圆形。

金钟花

●别名 / 迎春柳、金梅花
●科名 / 木樨科　属名 / 连翘属

● **花期**　1 2 3 4 5 6 7 8 9 10 11 12 ＜月份＞

Forsythia viridissima

 产于江苏、安徽、浙江、江西、福建、湖北、湖南、云南西北部。生长于山地、谷地或河谷边林缘。

 种子、扦插、压条及分株繁殖均可。

▶ 形态特征

落叶灌木。枝棕褐色或红棕色，直立。

叶子 叶片长椭圆形至披针形，或倒卵状长椭圆形。

花朵 花1～3朵着生于叶腋，先于叶开放；花冠深黄色，裂片狭长圆形至长圆形。

果实 果卵形或宽卵形。

应用

金钟花先叶而花，金黄灿烂，可丛植于草坪、墙隅、路边、院内庭前等处。

迎春花

- 别名 / 黄素馨、金腰带
- 科名 / 木樨科　● 属名 / 素馨属

● 花期　1 2 3 4 5 6 7 8 9 10 11 12　<月份>

Jasminum nudiflorum

 分布 产于甘肃、陕西、四川、云南、西藏各地，生长于海拔800~2000米山坡灌丛中。

繁殖方式 以扦插为主，也可用压条、分株繁殖。

▶ **形态特征**

落叶灌木，直立或匍匐，枝条下垂。

🍃 叶子 叶对生，三出复叶，小枝基部常具单叶；小叶片卵形、长卵形或椭圆形，叶缘反卷。

❀ 花朵 花单生于去年生小枝的叶腋上，稀生于小枝顶端；苞片小叶状，披针形、卵形或椭圆形；花冠黄色，裂片5~6枚，长圆形或椭圆形，先端锐尖或圆钝。

应用

迎春花枝条披垂，冬末至早春先花后叶，花色金黄，叶丛翠绿。在园林绿化中宜配植在湖边、溪畔、桥头、墙隅，或在草坪、林缘、坡地，可供早春观花。

云南黄馨

●别名 / 野迎春
●科名 / 木犀科　●属名 / 素馨属

● **花期**　1 2 3 4 5 6 7 8 9 10 11 12　<月份>

Jasminum mesnyi

 分布　产于四川西南部、贵州、云南。生长于峡谷、林中，海拔500~2600米。我国各地均有栽培。

 繁殖方式　扦插法繁殖，亦可分株、压条繁殖。

▶ 形态特征

常绿直立亚灌木，枝条下垂。

 叶子　叶对生，三出复叶或小枝基部具单叶；叶片和小叶片近革质，叶缘反卷。

花朵　花通常单生于叶腋，稀双生或单生于小枝顶端；苞片叶状，倒卵形或披针形，花冠黄色，漏斗状，栽培时出现重瓣。

果实　果为椭圆形。

应用

云南黄馨花大、美丽，供观赏。小枝细长而具悬垂形，适合花架绿篱或坡地高地悬垂栽培。

225

茉莉花

● 别名 / 茉莉、香魂、莫利花
● 科名 / 木樨科　● 属名 / 素馨属

● 花期　1 2 3 4 5 6 7 8 9 10 11 12　<月份>

Jasminum sambac

分布　原产印度、中国南方，现世界各地广泛栽培。

繁殖方式　扦插、压条法繁殖。

▶ 形态特征

直立或攀缘灌木。

 叶子　叶对生，单叶，叶片纸质，叶子呈圆形、椭圆形、卵状椭圆形或倒卵形，两端圆或钝，基部有时微心形。

花朵　聚伞花序顶生，通常有花3朵，有时单花或多达5朵；花极芳香；花冠白色，裂片长圆形至近圆形。

 果实　果球形，呈紫黑色。

应用

茉莉花叶色翠绿，花色洁白，香味浓厚，为常见庭园及盆栽观赏芳香花卉。多用盆栽点缀室容，清雅宜人，还可加工成花环等装饰品，也是著名的花茶原料及重要的香精原料。花、叶可药用。

栀子

- 别名 / 水横枝、山黄枝
- 科名 / 茜草科 • 属名 / 栀子属

● 花期　1 2 3 4 5 6 7 8 9 10 11 12　<月份>

Gardenia jasminoides

分布 产于华东、华中、华南及西南，生长于旷野、丘陵、山谷、山坡、溪边的灌丛或林中。

繁殖方式 播种、扦插繁殖。

▶ 形态特征

灌木。

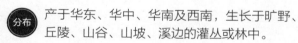 **叶子** 叶对生，革质，极少为3枚轮生，叶形多样，通常为长圆状披针形、倒卵状长圆形、倒卵形或椭圆形。

花朵 花芳香，通常单朵生于枝顶；花冠白色或乳黄色，高脚碟状。

果实 果黄色或橙红色，种子近圆形而稍有棱角。

应用

栀子适用于阶前、池畔和路旁配植，也可用作花篱和盆栽观赏。其果实是一种品质优良的天然食品色素；花还可提制芳香浸膏，用于多种花香型化妆品和香皂香精的调合剂。全株都可入药。

227

龙船花

● 别名 / 英丹、仙丹花
● 科名 / 茜草科 ● 属名 / 龙船花属

● 花期 | 1 | 2 | 3 | 4 | 5 | 6 | 7 | 8 | 9 | 10 | 11 | 12 | <月份>

Ixora chinensis

 分布 产于福建、广东、香港、广西。生长于山地灌丛中和疏林下。

繁殖方式 播种、压条、扦插均可，多用扦插法。

▶ 形态特征

灌木。

叶子 叶对生，披针形、长圆状披针形至长圆状倒披针形，顶端钝或圆形，基部短尖或圆形。

花朵 花序顶生，多花，具短总花梗；花冠红色或红黄色，顶部4裂，裂片倒卵形或近圆形。

果实 果近球形，成熟时红黑色。

应用

现广植于热带城市作庭园观赏；它的花色鲜红而美丽，花期长。可露地栽植，适合庭院、风景区布置，高低错落，花色鲜丽，景观效果极佳，广泛用于盆栽观赏。

228

希茉莉

● 别名 / 醉娇花、长隔木
● 科名 / 茜草科 ● 属名 / 长隔木属

● 花期　1 2 3 4 5 6 7 8 9 10 11 12 ＜月份＞

Hamelia patens

 分布 原产巴拉圭等拉丁美洲各国，我国南部和西南部有栽培。

 繁殖方式 扦插繁殖。

▶ 形态特征

多年生常绿灌木，植株高2~4米，嫩部均被灰色短柔毛。

🍃叶子 叶通常3枚轮生，椭圆状卵形至长圆形，顶端短尖或渐尖。

❀花朵 聚伞花序有3~5个放射状分枝；花无梗，沿着花序分枝的一侧着生；萼裂片短，三角形；花冠橙红色，冠管狭圆筒状。

🍒果实 浆果卵圆状，暗红色或紫色。

应用

希茉莉成形快，树冠优美，花、叶具佳，在南方园林绿化中广受欢迎，主要用于园林配植，亦可盆栽观赏。

李叶绣线菊

● 别名 / 笑靥花
● 科名 / 蔷薇科 ● 属名 / 绣线菊属

● **花期** 1 2 3 4 5 6 7 8 9 10 11 12 ‹月份›

Spiraea prunifolia

 分布 产于陕西、湖北、湖南、山东、江苏、浙江、江西、安徽、贵州、四川。

繁殖方式 播种、扦插繁殖。

▶ 形态特征

灌木。

 叶子 叶片卵形至长圆披针形，先端急尖，基部楔形，边缘有细锐单锯齿。

✿ **花朵** 伞形花序无总梗，具花3~6朵，基部着生数枚小形叶片；花重瓣，白色。

应用

春天展花，色洁白，繁密似雪，如笑靥。可丛植、片群。为美丽的观赏花木，是园林造景、环境绿化用树种。

麻叶绣线菊

●别名 / 麻叶绣球、粤绣线菊、麻毬
●科名 / 蔷薇科 ●属名 / 绣线菊属

● 花期 | 1 | 2 | 3 | 4 | 5 | 6 | 7 | 8 | 9 | 10 | 11 | 12 | <月份>

Spiraea cantoniensis

分布 产于广东、广西、福建、浙江、江西。在河北、河南、山东、陕西、安徽、江苏、四川均有栽培。

繁殖方式 播种、扦插繁殖。

▶ 形态特征

灌木；小枝细瘦，呈拱形弯曲。

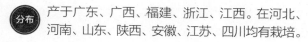 **叶子** 叶片菱状披针形至菱状长圆形，先端急尖，基部楔形，边缘自近中部以上有缺刻状锯齿，有羽状叶脉。

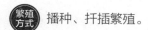 **花朵** 伞形花序具多数花朵；萼筒钟状，花瓣近圆形或倒卵形，先端微凹或圆钝，白色。

果实 蓇葖果直立开张。

应用

麻叶绣线菊主要作为庭园栽培供观赏。花序密集，花色洁白，早春盛开如积雪，甚美丽，用作绿篱，作花境可形成美丽的花带。因花色娇艳夺目还可以用于切花生产。

231

三裂绣线菊

● 别名 / 三桠绣线菊、团叶绣球、三裂叶绣线菊
● 科名 / 蔷薇科　● 属名 / 绣线菊属

Spiraea trilobata

分布 产于黑龙江、辽宁、内蒙古、山东、山西、河北、河南。生于多岩石向阳坡地或灌木丛中。

繁殖方式 播种、扦插、分株繁殖。

▶ **形态特征**

灌木；小枝细瘦，开展，稍呈之字形弯曲。

叶子 叶片近圆形，先端钝，常3裂，基部圆形、楔形或亚心形。

花朵 伞形花序具总梗，有花15～30朵；苞片线形或倒披针形；萼筒钟状，萼片三角形，花瓣宽倒卵形，先端常微凹。

果实 蓇葖果开张。

应用

三裂绣线菊树姿优美，枝叶繁密，花朵小巧密集，布满枝头，宜在绿地中丛植或孤植，也可用作花篱、花径，是园林绿化中优良的观花观叶树种。

粉花绣线菊

- 别名 / 日本绣线菊
- 科名 / 蔷薇科 ● 属名 / 绣线菊属

● **花期** 1 2 3 4 5 6 7 8 9 10 11 12 <月份>

Spiraea japonica

 分布 原产日本、朝鲜，我国各地引种栽培供观赏。

 繁殖方式 分株、扦插或播种繁殖。

▶ 形态特征

直立灌木；枝条细长，开展。

叶子 叶片卵形至卵状椭圆形，边缘有缺刻状重锯齿或单锯齿，上面暗绿色，下面色浅或有白霜。

花朵 复伞房花序生于当年生的直立新枝顶端，花朵密集；花瓣卵形至圆形，先端通常圆钝，粉红色；花盘圆环形，约有10个不整齐的裂片。

果实 蓇葖果半开张。

233

月季花

● 花期　1 2 3 4 5 6 7 8 9 10 11 12 ＜月份＞

Rosa chinensis

分布 原产中国，各地普遍栽培。园艺品种很多。

繁殖方式 嫁接法、播种法、分株法、扦插法、压条法。

▶ **形态特征**

直立灌木，小枝粗壮，有短粗的钩状皮刺。

 叶子 小叶3~5枚，稀7枚，小叶片宽卵形至卵状长圆形，边缘有锐锯齿，常带光泽。

 花朵 花几朵集生，稀单生，萼片卵形，先端尾状渐尖，有时呈叶状，边缘常有羽状裂片，花瓣重瓣至半重瓣，红色、粉红色至白色，倒卵形。

果实 果为卵球形或梨形。

应用

月季花花色艳丽，花期长，是布置园林的好材料。宜作花坛、花境及基础栽植用，在草坪、园路角隅、庭院、假山等处配植也很合适，又可作盆栽及切花用。

234

棣棠

- 别名／黄榆叶梅、黄度梅、黄花榆叶梅
- 科名／蔷薇科　●属名／棣棠花属

● 花期　1 2 3 4 5 6 7 8 9 10 11 12　<月份>

Kerria japonica

分布 产于秦岭淮河以南及西南。生长于山坡灌丛中，海拔200～3000米。日本也有分布。

繁殖方式 播种、分株、扦插，多用扦插和分株法繁殖。

▶ 形态特征

落叶灌木植物，小枝绿色，圆柱形，常拱垂。

 **叶子** 叶互生，三角状卵形或卵圆形，顶端长渐尖，基部圆形、截形或微心形，边缘有尖锐重锯齿。

花朵 单花，着生在当年生侧枝顶端，萼片卵状椭圆形，顶端急尖，花瓣黄色，宽椭圆形，顶端下凹。

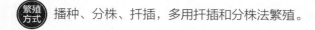 **果实** 瘦果为倒卵形至半球形，褐色或黑褐色。

应用

棣棠花色金黄，枝叶鲜绿，花期从春末到初夏，柔枝垂条，缀以金英，别具风韵，适宜栽植花境、花篱或建筑物周围作基础种植材料，墙际、水边、坡地、路隅、草坪、山石旁丛植或成片配植。

贴梗海棠

●别名 / 贴梗木瓜、铁脚梨、皱皮木瓜
●科名 / 蔷薇科 ●属名 / 木瓜属

● 花期　1 2 3 4 5 6 7 8 9 10 11 12 <月份>

Chaenomeles speciosa

 分布 产于陕西、甘肃、四川、贵州、云南、广东各地。缅甸亦有分布。

繁殖方式 扦插、压条、播种繁殖。

▶ 形态特征

落叶灌木，枝条直立开展，有刺。

🍃 **叶子** 叶片卵形至椭圆形，稀长椭圆形，先端急尖稀圆钝，基部楔形至宽楔形，边缘具有尖锐锯齿。

❀ **花朵** 花先叶开放，3~5朵簇生于二年生老枝上；萼筒钟状，花瓣猩红色，稀淡红色或白色。

🍒 **果实** 果实球形或卵球形，味芳香。

应用

贴梗海棠各地常见栽培，花色有大红、粉红、乳白且有重瓣及半重瓣品种。早春先花后叶，很美丽。枝密多刺，可作绿篱。果实可食用，也可入药。

华北珍珠梅

• 别名 / 干狼柴、吉氏珍珠梅、珍珠树
• 科名 / 蔷薇科　• 属名 / 珍珠梅属

● 花期　1 2 3 4 5 6 7 8 9 10 11 12　＜月份＞

Sorbaria kirilowii

分布　产于河北、河南、山东、山西、陕西、甘肃、青海、内蒙古。生长于山坡阳处、杂木林中。

繁殖方式　分蘖和扦插为主要繁殖方式，也可播种繁育。

▶ 形态特征

灌木，枝条开展。

🌿 叶子　羽状复叶，小叶片对生，披针形至长圆披针形，羽状网脉。

❀ 花朵　顶生大型密集的圆锥花序，分枝斜出或稍直立，花瓣倒卵形或宽卵形，先端圆钝，基部宽楔形，白色；花盘圆杯状；果梗直立。

応用

华北珍珠梅花开似梅，是夏季优良的观花灌木，在园林绿化中可丛植或列植，花序也可用作切花材料，是美化、净化环境的优良观花树种。

锦带花

- 别名 / 锦带、海仙花
- 科名 / 忍冬科　属名 / 锦带花属

● 花期　1 2 3 **4 5** 6 7 8 9 10 11 12　<月份>

Weigela florida

 分布 产于东北、内蒙、山西、陕西、河南、山东、江苏等地，生长于杂木林下或山顶灌丛中。

 繁殖方式 播种、扦插、压条。

▶ 形态特征

落叶灌木；树皮灰色。

🌱 **叶子** 叶矩圆形、椭圆形至倒卵状椭圆形，边缘有锯齿。

❀ **花朵** 花单生或呈聚伞花序生于侧生短枝的叶腋或枝顶；花冠紫红色或玫瑰红色，裂片不整齐，开展，内面浅红色。

🍀 **果实** 果实顶有短柄状喙，疏生柔毛；种子无翅。

应用

锦带花其枝叶茂密，花色艳丽，花期可长达两个多月，适宜庭院墙隅、湖畔群植；也可在树丛林缘作篱笆、丛植配植；点缀于假山、坡地。对氯化氢抗性强，是良好的抗污染树种。花枝可供瓶插。

238

琼花

- 别名 / 聚八仙
- 科名 / 忍冬科　属名 / 荚蒾属

花期 1 2 3 **4** 5 6 7 8 9 10 11 12 <月份>

Viburnum macrocephalum f. Keteleeri

 分布 产于江苏、安徽、浙江、江西、湖北及湖南各地。生长于丘陵、山坡林下或灌丛中。

 繁殖方式 种子繁殖、嫁接繁殖。

▶ 形态特征

落叶或半常绿灌木，高达4米；树皮灰褐色或灰白色。

 花朵 聚伞花序仅周围具大型的不孕花；裂片倒卵形或近圆形，顶端常凹缺；可孕花的萼齿卵形，花冠白色，辐状，裂片宽卵形。

果实 果实红色而后变黑色，椭圆形，核扁，矩圆形至宽椭圆形。

应用

琼花主要用于观赏，而且琼花枝、叶、果均可入药。

239

绣球荚蒾

● 别名 / 木绣球
● 科名 / 忍冬科　● 属名 / 荚蒾属

● 花期　1 2 3 4 5 6 7 8 9 10 11 12　<月份>

Viburnum macrocephalum

 分布　园艺种，江苏、浙江、江西和河北等省均见有栽培。

 繁殖方式　扦插、压条、分株繁殖。

▶ 形态特征

落叶或半常绿灌木，高达4米；树皮灰褐色或灰白色。

🌿 **叶子**　叶纸质，卵形至椭圆形或卵状矩圆形，顶端钝或稍尖，边缘有小齿。

❀ **花朵**　聚伞花序全部由大型不孕花组成，花冠白色，辐状，裂片圆状倒卵形，花药小，近圆形；雌蕊不育。

应用

绣球荚蒾树姿舒展，开花时白花满树，犹如积雪压枝，十分美观。宜配植在堂前屋后、墙下窗外，也可丛植于路旁林缘等处。

大花六道木

● 别名 / 金边大花六道木、金叶大花六道木
● 科名 / 忍冬科　● 属名 / 六道木属

● **花期** 1 2 3 4 5 6 7 8 9 10 11 12 〈月份〉

Abelia × grandiflora

分布 园艺杂交种，我国华东栽培较多。

繁殖方式 扦插繁殖。

▶ **形态特征**

灌木。

叶子 叶金黄，略带绿心。

花朵 花单生于小枝上叶腋，无总花梗；红色的花萼花谢后不落；花冠狭漏斗形或高脚碟形，花粉白色。生长快，花期长。

应用

大花六道木白花凋谢，红色的花萼还可宿存至冬季，极为壮观。枝条柔顺下垂，树姿婆娑，无论是作为园中配植，还是用作绿篱和花径的群植，都非常合适。适应性非常强，可反复修剪。

结香

● 别名 / 黄瑞香、打结花、雪里开、梦花
● 科名 / 瑞香科 ● 属名 / 结香属

● 花期 | 1 | 2 | 3 | 4 | 5 | 6 | 7 | 8 | 9 | 10 | 11 | 12 | ‹月份›

Edgeworthia chrysantha

 分布 产于河南、陕西及长江流域以南诸省区。野生或栽培，喜生于阴湿肥沃地。

繁殖方式 分株、扦插、压条繁殖。

▶ 形态特征

灌木，小枝粗壮，褐色，常作三叉分枝，幼枝常被短柔毛，韧皮极坚韧，叶痕大。

叶子 叶为长圆形、披针形至倒披针形，两面均被银灰色绢状毛。

花朵 头状花序顶生或侧生，具花30~50朵成绒球状，外围有10枚左右被长毛而早落的总苞；花芳香。

果实 果椭圆形。

应用

结香姿态优雅，柔枝可打结，十分惹人喜爱，适植于庭前、路旁、水边、石间、墙隅。北方多盆栽观赏。茎皮纤维可作高级纸及人造棉原料，全株可入药。

242

瑞香

● **花期** `1` `2` `3` `4` `5` `6` `7` `8` `9` `10` `11` `12`   <月份>

Daphne odora

分布 我国各大城市都有栽培。日本花园里也有栽培。

繁殖方式 扦插、压条、分株、播种繁殖。

▶ 形态特征

常绿直立灌木；枝粗壮，通常二歧分枝。

 叶子 叶互生，纸质，长圆形或倒卵状椭圆形，先端钝尖，基部楔形。

 花朵 花外面淡紫红色，内面肉红色，无毛，数朵至12朵组成顶生头状花序；苞片披针形或卵状披针形，花萼筒管状，裂片4，心状卵形或卵状披针形。

果实 果实红色。

应用

瑞香为著名的早春花木，株形优美，花朵极芳香。最适于林下路边、林间空地、庭院、假山岩石的阴面等处配植，萌芽力强，耐修剪，也容易造型。

243

金丝桃

●别名 / 狗胡花、金线蝴蝶、金丝海棠、金丝莲
●科名 / 藤黄科　●属名 / 金丝桃属

● 花期　1 2 3 4 **5 6 7 8** 9 10 11 12 ＜月份＞

Hypericum monogynum

分布 原产我国黄河流域以南。生长于山坡、路旁或灌丛中。

繁殖方式 分株、播种、扦插繁殖。

▶ **形态特征**

灌木，丛状或通常有疏生的开张枝条。

☑ 叶子 叶对生，叶片倒披针形或椭圆形至长圆形，坚纸质。

✿ 花朵 花序自茎端第1节生出，呈疏松的近伞房状。花瓣金黄色至柠檬黄色，三角状倒卵形。

🍃 果实 蒴果宽卵珠形或稀卵珠状圆锥形至近球形；种子深红褐色，圆柱形。

应用

金丝桃花叶秀丽，花冠如桃花，雄蕊金黄色，细长如金丝，绚丽可爱。华北多盆栽观赏，也可作切花材料，是南方庭院的常用观赏花木。果实及根可供药用。

昙花

- 别名 / 月下美人
- 科名 / 仙人掌科 · 属名 / 昙花属

● **花期** 1 2 3 4 5 6 7 8 9 10 11 12 ‹月份›

Epiphyllum oxypetalum

分布 世界各地区广泛栽培；我国各省区常见栽培。

繁殖方式 扦插、播种繁殖。

▶ 形态特征

附生肉质灌木，老茎圆柱状，木质化。

叶子 分枝多数，叶状侧扁，披针形至长圆状披针形，边缘波状或具深圆齿，深绿色，无毛，老株分枝产生气根。

花朵 花单生于枝侧的小窠，漏斗状，于夜间开放，芳香。

果实 浆果长球形，紫红色。

应用

昙花为著名的观赏花卉，浆果可食。

炮仗竹

- 别名 / 爆竹花、吉祥草
- 科名 / 玄参科　●属名 / 炮仗竹属

Russelia equisetiformis

分布 原产美洲，现我国华南、西南等地广泛栽培。

繁殖方式 分株、扦插、压条、播种法繁殖。

▶ 形态特征

常绿亚灌木，株高1米左右。

叶子 叶对生或轮生，狭披针形或线形。

花朵 总状花序，花小，筒状，红色。

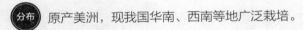

应用

红色长筒状花朵成串吊于纤细下垂的枝条上，犹如细竹上挂的鞭炮。宜在花坛、树坛边种植，也可盆栽观赏。

紫藤

● 别名 / 藤萝、朱藤、黄环
● 科名 / 豆科　● 属名 / 紫藤属

● 花期　1 2 3 4 5 6 7 8 9 10 11 12　<月份>

Wisteria sinensis

 分布 产于河北以南黄河及长江流域及陕西、河南、广西、贵州、云南。

 繁殖方式 扦插、播种繁殖。

▶ 形态特征

落叶木质大藤本。树皮浅灰褐色，小枝淡褐色。

🍃 **叶子** 叶痕灰色，稍凸出。小叶纸质，卵状椭圆形至卵状披针形，先端突尖，全缘，幼时密生白色短柔毛，后渐脱落。

❀ **花朵** 4月开花，花蓝紫色，总状花序下垂，有芳香。

🍒 **果实** 荚果扁平，长条形，密生银灰色绒毛。

应用

紫藤老干盘桓扭绕，宛若蛟龙，春天开花，形大色美，披垂下曳，最宜作棚架栽植。如作灌木状栽植于河边或假山旁，亦十分相宜。

247

常春油麻藤

● 花期 | 1 2 3 **4 5** 6 7 8 9 10 11 12 <月份>

Mucuna sempervirens

 分布 产于四川、贵州、云南、陕西、湖北、浙江等省份。生长于亚热带森林、灌木丛、溪谷、河边。

 繁殖方式 播种、扦插、压条繁殖。

▶ 形态特征

常绿木质大藤本。

叶子 羽状复叶具3小叶，小叶纸质或革质，顶生小叶椭圆形，长圆形或卵状椭圆形，先端渐尖。

花朵 总状花序生于老茎上，花冠深紫色，萼外面疏被锈色硬毛，内面密生绢毛。

果实 荚果长条形，木质；种子棕黑色。

应用

常春油麻藤蔓茎粗壮，叶繁荫浓，花序悬挂于盘曲老茎，奇丽美观，是南方地区优良蔽荫、观花藤本植物。适用于大型棚架、绿廊、墙垣等攀缘绿化。生势顽强，能盘树缠绕、攀石穿缝。

白花油麻藤

●别名 / 勃氏黎豆、鲤鱼藤、雀儿花
●科名 / 豆科　●属名 / 黧豆属

● 花期　1　2　3　4　5　6　7　8　9　10　11　12　〈月份〉

Mucuna birdwoodiana

 分布　产于中国江西、福建、广东、广西、贵州、四川等省区。

 繁殖方式　扦插繁殖和压条繁殖。

▶ 形态特征

常绿大型木质藤本。

🌿 **叶子**　羽状复叶具3小叶，近革质，顶生小叶椭圆形、卵形或略呈倒卵形，通常较长而狭。

✿ **花朵**　总状花序生于老枝上或生于叶腋，花萼内面与外面密被浅褐色伏贴毛，外面被红褐色脱落的粗刺毛，萼筒宽杯形；花冠白色或带绿白色。

🍒 **果实**　果木质，密被红褐色短绒毛。

应用

此花最宜于作公园、庭院等处的大型棚架、绿廊、绿亭、露地餐厅等的顶面绿化；适于墙垣、假山阳台等处的垂直绿化或作护坡花木；也可用于山岩、叠石、林间配植，颇具自然野趣。晒干的花可以药用，是一种降火清热气的佳品。

玉叶金花

- 别名 / 白纸扇、白蝴蝶、白叶子、百花茶
- 科名 / 茜草科　● 属名 / 玉叶金花属

● **花期** 1 2 3 4 5 6 7 8 9 10 11 12 <月份>

Mussaenda Pubescens

分布 分布于中国长江以南各省区。

繁殖方式 扦插为主，也可播种繁殖。

▶ **形态特征**

攀缘灌木，嫩枝被贴伏短柔毛。

 **叶子** 叶对生或轮生，膜质或薄纸质，卵状长圆形或卵状披针形。

花朵 聚伞花序顶生，密花；花叶阔椭圆形，花冠黄色，外面被贴伏短柔毛，内面喉部密被棒形毛。

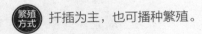 **果实** 浆果近球形，疏被柔毛，顶部有萼檐脱落后的环状疤痕，干时黑色，果柄长4～5毫米，疏被毛。

应用

玉叶金花在美化环境、净化空气、涵养水源、保持水土、改善生态环境等方面均有重要作用。

木香花

- 别名 / 蜜香、青木香、七里香
- 科名 / 蔷薇科   • 属名 / 蔷薇属

● **花期** 1 2 3 **4** 5 6 7 8 9 10 11 12 ‹月份›

Rosa banksiae

 分布 产于四川、云南。生长在溪边、路旁或山坡灌丛中，海拔500～1300米。全国各地均有栽培。

 繁殖方式 播种、分株、扦插、压条、嫁接繁殖。

▶ 形态特征

攀缘小灌木。

🌿 **叶子** 小叶3～5枚，稀7枚，小叶片椭圆状卵形或长圆披针形，先端急尖或稍钝，基部近圆形或宽楔形，边缘有紧贴细锯齿。

❀ **花朵** 花小形，多朵成伞形花序，萼片卵形，先端长渐尖，全缘，萼筒和萼片外面均无毛，内面被白色柔毛；花瓣重瓣至半重瓣，白色，倒卵形。

应用

木香花含芳香油，可供配制香精化妆品用。著名观赏植物，常栽培供攀缘棚架之用。性不耐寒，在华北、东北只能作盆栽，冬季移入室内防冻。

金银花

● 别名 / 忍冬、金银藤、鸳鸯藤
● 科名 / 忍冬科 ● 属名 / 忍冬属

● **花期** | 1 | 2 | 3 | 4 | 5 | 6 | 7 | 8 | 9 | 10 | 11 | 12 | <月份>

Lonicera japonica

分布 除西北和西南外，全国各省均有。生长于山坡灌丛或疏林中、路边等处。

繁殖方式 种子繁殖、扦插繁殖。

▶ 形态特征

半常绿藤本；幼枝洁红褐色。

 叶子 叶纸质，卵形至矩圆状卵形，有时卵状披针形，稀圆卵形或倒卵形。

花朵 花冠白色，有时基部向阳面呈微红，后变黄色，唇形，筒稍长于唇瓣。

 果实 果实圆形，熟时蓝黑色；种子卵圆形或椭圆形，褐色。

┌─────────────┐
│   应用   │
└─────────────┘

金银花适合在林下、林缘、建筑物北侧等处作地被栽培；还可以作绿化矮墙；亦可以利用其缠绕能力制作花廊、花架、花栏、花柱以及缠绕假山石等。花性甘寒，有清热解毒、消炎退肿的功效。

使君子

● **花期** `1` `2` `3` `4` `5` `6` `7` `8` `9` `10` `11` `12` <月份>

Quisqualis indica

 分布 产于四川、贵州至南岭以南各处，长江中下游以北无野生记录。

 繁殖方式 播种、分株、扦插和压条繁殖。

▶ 形态特征

攀缘状灌木，高2~8米；小枝被棕黄色短柔毛。

 叶子 叶对生或近对生，叶片膜质，卵形或椭圆形。

花朵 顶生穗状花序，组成伞房花序式；花瓣5，先端钝圆，初为白色，后转淡红色。

果实 果卵形，呈青黑色或栗色；种子1颗，白色。

应用

使君子花色艳丽，叶绿光亮，是园林观赏的好树种。花可作切花用。果实可供药用。

叶子花

● **花期**　1 2 3 4 5 6 7 8 9 10 11 12　<月份>

Bougainvillea spectabilis

 分布　原产热带美洲，现我国南北广泛栽培。

 繁殖方式　扦插繁殖。

▶ 形态特征

藤本状灌木。

叶子　枝、叶密生柔毛；刺腋生、下弯。叶片椭圆形或卵形，基部圆形，有柄。

花朵　花序腋生或顶生；苞片椭圆状卵形，基部圆形至心形，暗红色或淡紫红色。

果实　果实长1～1.5厘米，密生毛。

应用

叶子花的苞片大，色彩鲜艳如花，且花期时间长，宜庭园种植或盆栽观赏。还可作盆景、绿篱及修剪造型。我国南方栽植于庭园、公园，北方栽培于温室，是美丽的观赏植物。

凌霄

- 别名 / 紫葳、五爪龙、上树龙
- 科名 / 紫葳科　● 属名 / 凌霄属

● 花期　1 2 3 4 5 6 7 8 9 10 11 12　<月份>

Campsis grandiflora

 分布　产于长江流域各地，以及河北、山东、河南、福建、广东、广西、陕西，在台湾有栽培。

 繁殖方式　压条、扦插及分根繁殖。

▶ 形态特征

攀缘藤本；茎木质，表皮脱落，枯褐色。

叶子　叶对生，为奇数羽状复叶；小叶7～9枚，卵形至卵状披针形，边缘有粗锯齿。

花朵　顶生疏散的短圆锥花序。花冠内面鲜红色，外面橙黄色，裂片半圆形。

果实　蒴果顶端钝。

应用

凌霄可供观赏及药用。干枝虬曲多姿，翠叶团团如盖，花大色艳，为庭园中棚架、花门之良好绿化材料；经修剪、整枝等栽培措施，可成灌木状；适应性强，是理想的城市垂直绿化材料。

炮仗花

● 别名 / 鞭炮花、黄鳝藤
● 科名 / 紫葳科 ● 属名 / 炮仗藤属

● **花期** | 1 | 2 | 3 | 4 | 5 | 6 | 7 | 8 | 9 | 10 | 11 | 12 | <月份>

Pyrostegia venusta

🔘 **分布** 原产南美巴西，我国南方引种栽培。

🔘 **繁殖方式** 压条、扦插繁殖。

▶ **形态特征**

藤本，具有3叉丝状卷须。

✔️ **叶子** 叶对生；小叶2~3枚，卵形，顶端渐尖，基部近圆形，全缘。

❀ **花朵** 圆锥花序着生于侧枝的顶端，花萼钟状，花冠筒状，橙红色。

🍒 **果实** 果瓣革质，呈舟状；种子具翅，薄膜质。

应用

炮仗花多植于庭园建筑物的四周，攀缘于凉棚上，初夏橙红色的花朵累累成串，状如鞭炮，故有"炮仗花"之称。